給水装置工事
主任技術者試験
テキスト&問題集

成美堂出版

本書の使い方

本書は、給水装置工事主任技術者試験に頻出する内容に重点をおき、効率的に勉強できるようにまとめました。給水装置工事主任技術者試験では、決まった内容が繰り返し出題されますので、本書をしっかり覚えれば１回で合格することも夢ではありません。

出題のポイント！
その科目の出題数と頻出事項がすぐわかる。

赤シートで
理解度チェック！
付属の赤シートでキーワードを隠せば、穴埋め問題としても使える。

ゴロ合わせで
覚えよう！
最重要事項は、ゴロ合わせで丸暗記しよう！

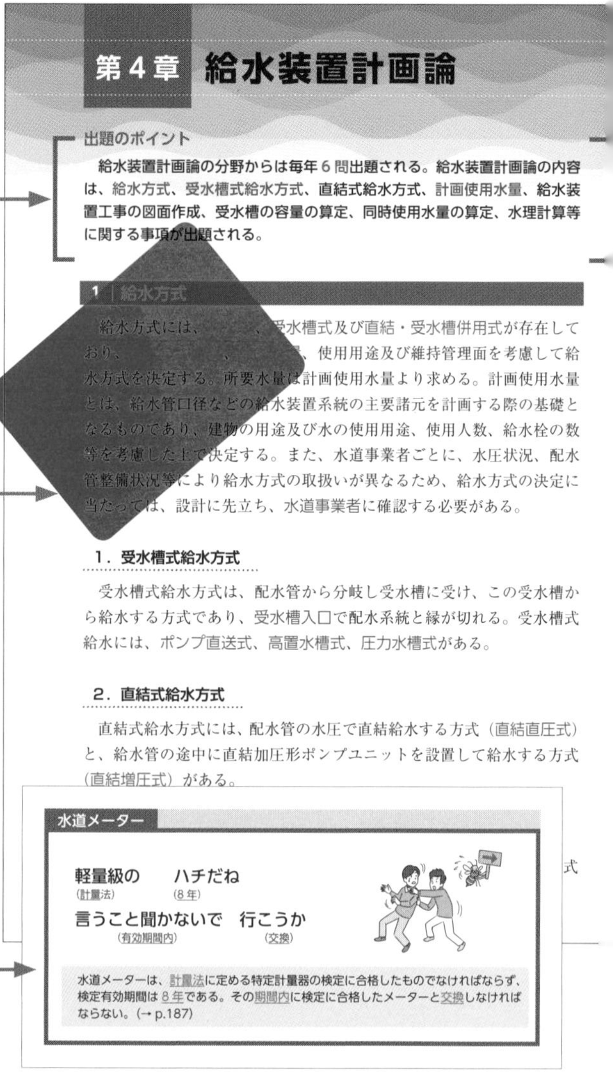
第４章　給水装置計画論

出題のポイント
給水装置計画論の分野からは毎年６問出題される。給水装置計画論の内容は、給水方式、受水槽式給水方式、直結式給水方式、計画使用水量、給水装置工事の図面作成、受水槽の容量の算定、同時使用水量の算定、水理計算等に関する事項が出題される。

1｜給水方式
給水方式には、　　　、受水槽式及び直結・受水槽併用式が存在しており、　　　、　　　量、使用用途及び維持管理面を考慮して給水方式を決定する。所要水量は計画使用水量より求める。計画使用水量とは、給水管口径などの給水装置系統の主要諸元を計画する際の基礎となるものであり、建物の用途及び水の使用用途、使用人数、給水栓の数等を考慮した上で決定する。また、水道事業者ごとに、水圧状況、配水管整備状況等により給水方式の取扱いが異なるため、給水方式の決定に当たっては、設計に先立ち、水道事業者に確認する必要がある。

1．受水槽式給水方式
受水槽式給水方式は、配水管から分岐し受水槽に受け、この受水槽から給水する方式であり、受水槽入口で配水系統と縁が切れる。受水槽式給水には、ポンプ直送式、高置水槽式、圧力水槽式がある。

2．直結式給水方式
直結式給水方式には、配水管の水圧で直結給水する方式（直結直圧式）と、給水管の途中に直結加圧形ポンプユニットを設置して給水する方式（直結増圧式）がある。

水道メーター
軽量級の　ハチだね
（計量法）　（8年）
言うこと聞かないで　行こうか
（有効期間内）　（交換）

水道メーターは、計量法に定める特定計量器の検定に合格したものでなければならず、検定有効期間は８年である。その期間内に検定に合格したメーターと交換しなければならない。（→ p.187）

豊富な図版！
豊富な図版で理解が容易に。

重要ポイントを覚えよう！
＆こんな選択肢に注意！
各章末には重要ポイントと誤りの選択肢をまとめて掲載。試験の直前対策にうってつけだ。

の両方の給水方式を併用するものである。

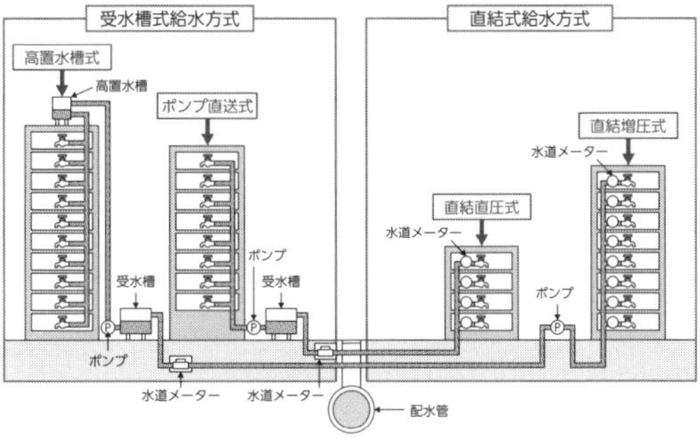

受水槽式と直結式

模擬試験問題！
巻末の模擬試験問題は、別冊の正答・解説編が取り外せて、答え合わせに便利。別冊だけ持ち歩いて勉強することもできる！

第4章 給水装置計画論

水道博士のワンポイントアドバイス

ポンプ直送式は、直結式ではなく、受水槽式である。直結とは、配水管と直結していること。直送とは、給水末端に直送しているということじゃ。

水道博士の
ワンポイント
アドバイス！
間違えやすいポイントを水道博士がわかりやすくアドバイスしてくれる。

2｜受水槽式給水方式

1．受水槽式給水方式の計画

受水槽式給水方式は、水道水をいったん受水槽で受け給水する方式で、配水管の水圧が変動しても受水槽以降では給水圧、給水量を一定の変動幅に保持できるなどの長所があるので、一時に多量の水を使用するとき、または、使用水量の変動が大きいとき等に配水管の水圧低下を引き起こ

ここが頻出だ！
● 給水管の取出しは配水管の直管部からとし、異形管及び継手からは取り出してはならない。

ここが頻出だ！
本試験によく出るポイントはここだ。試験前にはここだけチェック！

CONTENTS

＊本書の章立ては、学習しやすい順序となっていますので、実際の試験問題の科目の順序とは異なります。

本書は、原則として、2023年7月現在の情報に基づいて編集しています。本書の編集基準日以降の法改正等は、本書最終ページに記載してある本書専用ブログアドレスから閲覧してください。

給水装置工事主任技術者試験ガイダンス

給水装置工事主任技術者とは、給水装置工事主任技術者試験（国家試験）に合格し、交付申請により厚生労働大臣より給水装置工事主任技術者免状の交付を受けた者をいいます。

給水装置工事主任技術者は、給水装置工事事業者が水道事業者から水道法に基づく指定（指定給水装置工事事業者）を受けるための必須の国家資格です。

給水装置工事主任技術者の職務

① 給水装置工事に関する技術上の管理
② 給水装置工事に従事する者の技術上の指導監督
③ 給水装置工事に係る給水装置の構造及び材質が水道法第 16 条の規定に基づく政令で定める基準適合している事の確認
④ その他厚生労働省令で定める職務（水道法第 25 条の 4 の 3 項）
⑤ 水道事業者との給水装置工事に関する連絡調整を担うこともある

資格のメリット

・給水装置工事主任技術者となり、管工事に関し 1 年以上の実務経験を有すると、一般建設業のうち管工事の専任技術者・主任技術者として従事できる。
・水道工事事業者が「指定給水装置工事事業者」の指定を受けるための必須事項であり、この資格により、技術者としての位置づけが向上する。

試験概要（例年）

※試験の概要は、変更される場合があります。受験される方は、事前に必ずご自身で試験実施機関の発表する最新情報をご確認ください。

● **試験日：10 月下旬**
● **合格発表：11 月下旬**

● **試験科目と各科目の最低得点**

① 公衆衛生概論 1点
② 水道行政 2点
③ 給水装置工事法 4点
④ 給水装置の構造及び性能 4点
⑤ 給水装置計画論 2点
⑥ 給水装置工事事務論 2点
⑦ 給水装置の概要 5点
⑧ 給水装置施工管理法 2点

● **配点：1題につき1点（必須6科目計40点、全科目計60点）**

● **合格基準**

一部免除者は次の（1）及び（3）、非免除者は次の（1）～（3）をすべて満たすこと。

（1）必須6科目（公衆衛生概論、水道行政、給水装置工事法、給水装置の構造及び性能、給水装置計画論、給水装置工事事務論）の得点の合計が、その年度の基準点（概ね27点）以上であること。

（2）全8科目の総得点が、その年度の基準点（概ね40点）以上であること。

（3）各科目の得点が、それぞれ上表の点以上であること。

● **試験科目の一部免除**

建設業法施行令（昭和31年政令第273号）第34条第1項の表に掲げる検定種目のうち、管工事施工管理の種目に係る1級又は2級の技術検定に合格した方は、申請により、上記試験科目のうち「⑦ 給水装置の概要」及び「⑧ 給水装置施工管理法」の免除を受けることができます。

● **受験資格：給水装置工事に関して3年以上の実務の経験を有する方**

試験についての問い合わせ先

〒163-0712 東京都新宿区西新宿二丁目7番1号 小田急第一生命ビル12階
公益財団法人　給水工事技術振興財団
代表電話　03-6911-2711
FAX　03-6911-2715（総務部）
03-6911-2716（国家試験部 / 教務部 / 技術開発部）
https://www.kyuukou.or.jp/shiken/

第1章

公衆衛生概論

第１章　公衆衛生概論

出題のポイント

公衆衛生概論の分野からは毎年３問出題される。公衆衛生概論の内容は、飲料水に起因する健康影響の歴史、近年の飲料水に起因する健康影響、水道の定義、水道施設、塩素消毒、水質基準、水道水中の病原微生物及び有害化学物質、生活用水における利水障害等に関する事項が出題される。

1｜飲料水に起因する健康影響の歴史

飲料水に起因する健康影響の歴史としては、1854 年ロンドンで発生したコレラの流行がある。コレラの感染源が、井戸水であることが突き止められ、井戸水の使用を禁じることでコレラの流行を阻止した経緯の事件である。日本でも、幕末から明治初期にかけて、井戸水の飲料水に起因するコレラが流行し、衛生的な飲料水の確保の必要性が叫ばれ、1887 年、我が国第１号の近代水道として、横浜水道が給水開始した。

2｜近年の飲料水に起因する健康影響

近年の飲料水に起因する健康影響の主な事例は、次のとおりである。

- 1990 年、埼玉県浦和市（現さいたま市）の幼稚園で、井戸水が原因による病原性大腸菌 O《オー》157 の集団感染が発生し、死者が出た。
- 1993 年、米国ミルウォーキーの水道で、クリプトスポリジウムが原因で健康影響があり、死者が発生した。
- 1996 年、埼玉県越生町の水道がクリプトスポリジウムにより汚染され、感染者が発生した。
- 2000 年以降、日本においても、水道水や井戸水の汚染に起因した健康影響が発生している。

用　語

O157

病原性大腸菌のひとつで、腸管内でベロ毒素という出血性下痢の原因となる毒素を作るため、「腸管出血性大腸菌」と呼ばれる。

クリプトスポリジウム

ウシ、ブタ、イヌ、ネコ、ネズミなどの腸管寄生原虫として知られてきたもので、人への感染は 1976 年にはじめて報告された。

3 | 水道の定義

水道法第3条に、水道に関する用語が、次のように定義されている。

用語の定義

第3条　この法律において「**水道**」とは、導管及びその他の工作物により、水を人の飲用に適する水として供給する施設の総体をいう。ただし、臨時に施設されたものを除く。

2　この法律において「**水道事業**」とは、一般の需要に応じて、水道により水を供給する事業をいう。ただし、給水人口が100人以下である水道によるものを除く。

3　この法律において「**簡易水道事業**」とは、給水人口が5000人以下である水道により、水を供給する水道事業をいう。

4　この法律において「**水道用水供給事業**」とは、水道により、水道事業者に対してその用水を供給する事業をいう。ただし、水道事業者又は専用水道の設置者が他の水道事業者に分水する場合を除く。

5　この法律において「**水道事業者**」とは、第6条第1項の規定による認可を受けて水道事業を経営する者をいい、「**水道用水供給事業者**」とは、第26条の規定による認可を受けて水道用水供給事業を経営する者をいう。

6　この法律において「**専用水道**」とは、寄宿舎、社宅、療養所等における自家用の水道その他水道事業の用に供する水道以外の水道であつて、次の各号のいずれかに該当するものをいう。ただし、他の水道から供給を受ける水のみを水源とし、かつ、その水道施設のうち地中又は地表に施設されている部分の規模が政令で定める基準以下である水道を除く。

一　100人を超える者にその居住に必要な水を供給するもの

二　その水道施設の一日最大給水量（一日に給水することができる最大の水量をいう。以下同じ。）が政令で定める基準を超えるもの

7　この法律において「**簡易専用水道**」とは、水道事業の用に供する水道及び専用水道以外の水道であつて、水道事業の用に供する水道から供給を受ける水のみを水源とするものをいう。ただし、その用に供する施設の規模が政令で定める基準以下のものを除く。

8　この法律において「**水道施設**」とは、水道のための取水施設、貯水施設、導水施設、浄水施設、送水施設及び配水施設（専用水道にあつては、給水の施設を含むものとし、建築物に設けられたものを除く。以下同じ。）

であつて、当該水道事業者、水道用水供給事業者又は専用水道の設置者の管理に属するものをいう。

9　この法律において「**給水装置**」とは、需要者に水を供給するために水道事業者の施設した配水管から分岐して設けられた給水管及びこれに直結する給水用具をいう。

10　この法律において「**水道の布設工事**」とは、水道施設の新設又は政令で定めるその増設若しくは改造の工事をいう。

11　この法律において「**給水装置工事**」とは、給水装置の設置又は変更の工事をいう。

12　この法律において「**給水区域**」、「**給水人口**」及び「**給水量**」とは、それぞれ事業計画において定める給水区域、給水人口及び給水量をいう。

したがって、水道とは、末端まで導管によって飲用に供する目的で水を供給する施設をいう。ただし、臨時に施設されたものは除かれるので、自ら掘った井戸を水源とし、工事現場等の仮設給水施設として設けられた施設等は、水道の定義には含まれない。

水道用水供給事業とは、水道により、水道事業者に対してその用水を供給する事業をいい、水の流れは、水道用水供給事業→水道事業者となる。

簡易専用水道とは、水道事業の用に供する水道及び専用水道以外の水道で、水道事業の用に供する水道から供給を受ける水のみを水源とするものをいうが、施設の規模が政令で定める基準（水を受けるために設けられる水槽の有効容量の合計 10m^3）以下のものは除かれている。

4｜水道施設

水道施設とは、水道法第３条第８項に次のように定義されている。

8　この法律において「**水道施設**」とは、水道のための取水施設、貯水施設、導水施設、浄水施設、送水施設及び配水施設（専用水道にあつては、給水の施設を含むものとし、建築物に設けられたものを除く。以下同じ。）であつて、当該水道事業者、水道用水供給事業者又は専用水道の設置者の管理に属するものをいう。

水道施設の概要は、次のとおりである。

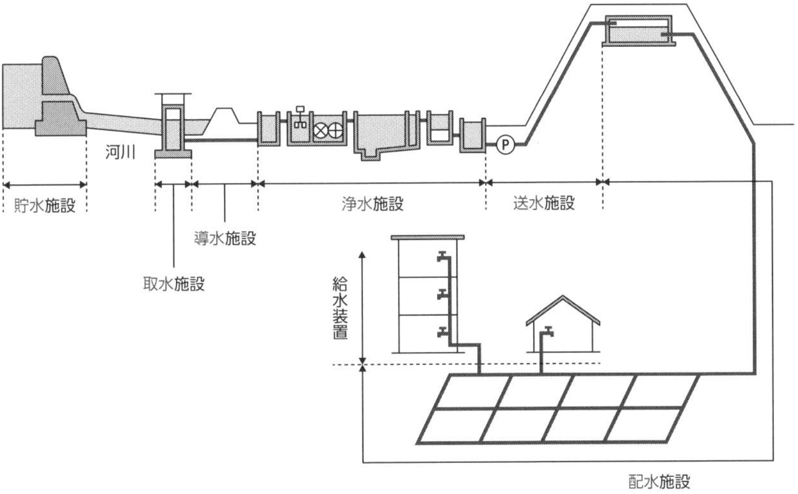

また、水道施設を構成する各施設の主な機能は、次のとおりである。

貯水施設：水道の原水を貯留する
取水施設：水道の水源から原水を取り入れる
導水施設：貯水施設を経た原水を浄水施設に導く
浄水施設：原水を人の飲用に適する水に処理する
送水施設：浄水施設を経た浄水を配水施設に送る
配水施設：一般の需要に応じ、必要な水を供給する

水道博士のワンポイントアドバイス

水道施設は、上流から「長州の道場を走破」と覚えよう。
(貯・取)　(導・浄)　(送・配)

5｜浄水処理法

水道施設の浄水施設では、原水を人の飲用に適する水に処理することが行われているが、処理方法は、処理速度により緩速ろ過法と急速ろ過法に大別される。

緩速ろ過法とは、一般に原水を普通沈でん処理したのち、ろ過池の砂層に繁殖した好気性生物により水を浄化する浄水方法である。

急速ろ過法とは、一般に原水に凝集剤を加えて沈でん処理をしたのち、砂ろ過を行う浄水方法である。

急速ろ過法、緩速ろ過法ともに、砂ろ過を行った後、消毒のための塩素剤を注入するが、急速ろ過法では、溶解性の鉄やマンガンを除去するため、ろ過池の前に塩素を入れる前塩素処理も行う。

現在の浄水処理法は、急速ろ過法が用いられているが、1898年に東京で最初に稼働した淀橋浄水場の浄化法は、緩速ろ過法が用いられていた。

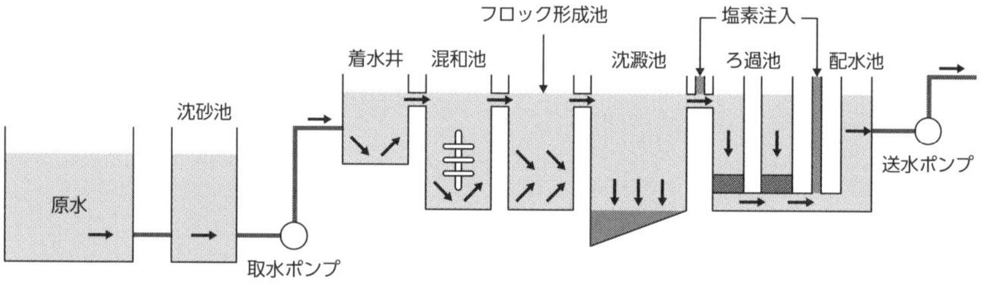

急速ろ過法

6｜塩素消毒

塩素消毒とは、塩素により、水道水中の細菌等を殺菌し、コレラ、赤痢、腸チフス等の水系感染症の拡大を防ぐために行われる消毒をいう。我が国の近代水道が施設された当初は、水道水の塩素消毒は行われていなかったが、水源の水質悪化に伴い、大正期以降、水道水の塩素消毒が行われるようになった。

一般に使用されている塩素系消毒剤としては、次亜塩素酸ナトリウム、液化塩素（液体塩素）、次亜塩素酸カルシウム（高度さらし粉を含む）がある。

ここが頻出だ！

● **消毒剤として使用される主たる塩素化合物は、液化塩素、次亜塩素酸ナトリウム及び次亜塩素酸カルシウムである。**

塩素消毒した水道水中には、遊離残留塩素と結合残留塩素が存在する。殺菌効果は遊離残留塩素の方が強く、残留効果は結合残留塩素の方が持続する。遊離残留塩素とは、次亜塩素酸と次亜塩素酸イオン等、結合残留塩素とは、モノクロラミン、ジクロラミン等のクロラミン（塩素アンモニア化合物）をいう。

また、残留塩素とは、消毒効果のある有効塩素が水中の微生物を殺菌消毒したり、有機物を酸化分解したりした後も水中に残留している塩素のことをいう。

ここが頻出だ！

● **残留塩素とは、消毒効果のある有効塩素が水中の微生物を殺菌消毒したり、有機物を酸化分解した後も水中に残留している塩素のことである。**

残留塩素の濃度については、水道法施行規則第17条に次のように規定されている。

衛生上必要な措置

第17条　法第22条の規定により水道事業者が講じなければならない衛生上必要な措置は、次の各号に掲げるものとする。

三　給水栓における水が、遊離残留塩素を0.1mg/L（結合残留塩素の場合は、0.4mg/L）以上保持するように塩素消毒をすること。ただし、供給する水が病原生物に著しく汚染されるおそれがある場合又は病原生物に汚染されたことを疑わせるような生物若しくは物質を多量に含むおそれがある場合の給水栓における水の遊離残留塩素は、0.2mg/L（結合残留塩素の場合は、1.5mg/L）以上とする。

したがって、給水栓における残留塩素濃度は、遊離残留塩素の場合は0.1mg/L 以上、結合残留塩素の場合は 0.4mg/L 以上を保持する必要がある。また、残留塩素の測定には、ジエチル -p- フェニレンジアミン（DPD）と反応して生じる桃赤色を標準比色液と比較する方法が用いられている。

水道博士のワンポイントアドバイス

遊離残留塩素の方が、殺菌効果は有利である。
だから濃度が低く（0.1mg/L）ても効くのじゃ。

7｜水質基準

水道により供給される水は、定められた要件を備えるものでなければならないとして、水質基準について、水道法第４条に、次のように規定されている。

水質基準

第４条　水道により供給される水は、次の各号に掲げる要件を備えるものでなければならない。

一　病原生物に汚染され、又は病原生物に汚染されたことを疑わせるような生物若しくは物質を含むものでないこと。

二　シアン、水銀その他の有毒物質を含まないこと。

三　銅、鉄、弗《ふっ》素《そ》、フェノールその他の物質をその許容量をこえて含まないこと。

四　異常な酸性又はアルカリ性を呈しないこと。

五　異常な臭味がないこと。ただし、消毒による臭味を除く。

六　外観は、ほとんど無色透明であること。

２　前項各号の基準に関して必要な事項は、厚生労働省令で定める。

水道法第４条第１項により、水道水は、病原生物に汚染、または疑わせるようなものでないこと、シアン、水銀等の有毒物質は含まないこと、銅、鉄、フッ素、フェノール等は許容量をこえて含まないこと、無色透明で異常な臭い、味がないことと規定されている。ただし、消毒による臭味、いわゆる塩素による消毒臭は除外されている。

8｜水道水中の病原微生物及び有害化学物質

水道水の水質上、特に問題となる、主な病原微生物及び有害化学物質は次のとおりである。

1．病原微生物

■病原性大腸菌 O157

病原性大腸菌 O157 は、腸内でベロ毒素を産生し、腎不全や血便が続く症状（溶血性尿毒症症候群）を引き起こす。水道では、病原性大腸菌 O157 の感染予防のために、残留塩素の確保が有効な手段である。

■ノロウイルス

ノロウイルスは、ウイルスに汚染された食品や水により経口感染し、下痢、腹痛、吐気、嘔吐、発熱などの症状を起こす。

■レジオネラ属菌

レジオネラ属菌は土壌や地下水、河川水等自然界に広く存在している。この菌が混入した水の飛沫を、免疫力の低下している人が吸入すると、肺炎様の感染症を起こすことがある。水道では、レジオネラ属菌の感染予防のために、残留塩素の確保が有効な手段である。

■クリプトスポリジウム

クリプトスポリジウムとは、人間や牛などの小腸に寄生する原虫で、食べ物や水を介して口から感染し、下痢や腹痛等の症状を引き起こす。クリプトスポリジウムは、水や食べ物のなかでは殻で覆われたオーシストの形で存在し、塩素消毒に対して抵抗性を示す。

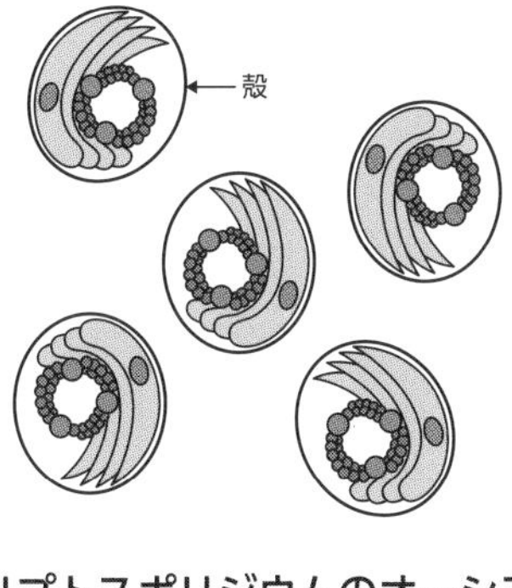

クリプトスポリジウムのオーシスト

２．有害化学物質

■ヒ素

ヒ素は地質、鉱山排水、工場排水等に由来する。少量でも長期間にわたって摂取すると、角化症、色素沈着、黒皮症、皮膚の異常、末梢神経障害、皮膚がん等を引き起こす。

■フッ素

フッ素の飲料水への混入は、地質や工場排水等に由来する。過度に摂取すると、体内沈着によって斑状歯や骨折の増加等を引き起こす。

■トリクロロエチレン

トリクロロエチレンは、有機溶剤に用いられ、未処理のまま土壌に浸透し、飲料用の地下水に混入した事例がある。中枢神経系を抑制し、頭痛、めまい、錯乱等の症状を引き起こす。

■トリハロメタン類

トリハロメタン類は、浄水場で注入される塩素と有機物質により生成され、発がん性が報告されている。

■鉛

pH 値の低い水や遊離炭酸の多い水に溶出しやすく、継続的に摂取すると体内に蓄積し、ヘム合成阻害による貧血、消化管の障害、神経系の障害、腎臓障害等を引き起こす。

9｜生活用水における利水障害

利水障害とは、日常生活での水利用への差し障りをいう。水道の利水障害とその原因物質に関する主な組み合わせは次のとおりである。

利水障害	主な原因物質
色	亜鉛、アルミニウム、鉄、銅、マンガン
臭気	藻類 (カビ臭)、フェノール類、チクロ
味	亜鉛、塩素イオン、鉄、ナトリウム
泡立ち	界面活性剤

重要ポイントを覚えよう！

1 □ 水道用水供給事業とは、水道により、水道事業者に対してその用水を供給する事業をいう。

2 □ 導水施設は、貯水施設を経た原水を浄水施設に導くものである。

3 □ 一般に水道で使用される消毒剤は、液化塩素（液体塩素）、次亜塩素酸ナトリウム及び次亜塩素酸カルシウムの 3 種類である。

4 □ 残留塩素とは、消毒効果のある有効塩素が水中の微生物を殺菌消毒したり、有機物を酸化分解した後も水中に残留している塩素のことである。

5 □ 残留塩素には遊離残留塩素と結合残留塩素があり、殺菌効果は遊離残留塩素の方が強く、残留効果は結合残留塩素の方が持続する。

6 □ 残留塩素の測定には、ジエチル -p- フェニレンジアミン (DPD) と反応して生じる桃赤色を標準比色液と比較する方法がある。

7 □ 水道法第 4 条に規定する水質基準では、病原生物に汚染され、または病原生物に汚染されたことを疑わせるような生物もしくは物質を含むものでないこととされている。

8 □ 水道法第 4 条に規定する水質基準では、異常な臭味がないこととされているが、消毒による臭味は除かれる。

9 □ 水道法第 4 条に規定する水質基準では、外観は、ほとんど無色透明であることとされている。

10 □ 水道では、レジオネラ属菌の感染予防のために、残留塩素の確保が有効な手段である。

11 □ 鉛はpH値の低い水に溶出しやすく、継続的に摂取すると体内に蓄積し、貧血、消化管の障害、神経系の障害、腎臓障害等を起こす。

こんな選択肢に注意！

水道用水供給事業とは、水道により、水道事業者~~からその用水の供給を受ける~~事業である。

水道用水供給事業とは、水道により、水道事業者に対してその用水を供給する事業である。

~~緩速~~ろ過法では、溶解性の鉄やマンガンを除去するため、ろ過池の前に塩素を入れる前塩素処理を行う。

急速ろ過法では、溶解性の鉄やマンガンを除去するため、ろ過池の前に塩素を入れる前塩素処理を行う。

残留塩素の測定には、ジエチル－p－フェニレンジアミン（DPD）と反応して生じる~~黄~~色を標準比色液と比較する方法がある。

残留塩素の測定には、ジエチル－p－フェニレンジアミン (DPD) と反応して生じる桃赤色を標準比色液と比較する方法がある。

水道原水中の有機物質が浄水場で注入される~~凝集剤~~と反応して、発がん性が報告されているトリハロメタン類が生成される。

水道原水中の有機物質が浄水場で注入される塩素と反応して、発がん性が報告されているトリハロメタン類が生成される。

第2章

水道行政

第2章　水道行政

出題のポイント

水道行政の分野からは毎年6問出題される。水道行政の内容は、水道事業の認可、給水義務、供給規程、水道技術管理者、給水装置、指定給水装置工事事業者、給水装置工事主任技術者等に関する事項が出題される。

1 | 水道事業の認可

水道法では、水道事業を地域独占事業として経営する権利を国が与えることとして、水道事業者を保護育成すると同時に需要者の利益を保護するために国が監督するという仕組みとして認可をとっている。したがって、水道事業を経営しようとする者は、厚生労働大臣の認可を受けなければならない。

水道事業経営の認可制度によって、複数の水道事業者の供給区域が重複することによる不合理・不経済が回避されている。また、水道用水供給事業については、給水区域の概念はないが、水道事業の機能の一部を代替するものであることから、認可制度をとっている。

2 | 給水義務

水道事業者は、当該水道により給水を受ける者に対し、正当な理由がありやむを得ない場合を除き、常時給水を行う義務がある。したがって、水道事業者は、事業計画に定める給水区域内の需要者から給水契約の申し込みを受けた場合には、正当な理由がない限り、これを拒否してはならない。

ここが頻出だ！

- **水道事業者は、事業計画に定める給水区域内の需要者から給水契約の申し込みを受けた場合には、正当な理由がない限り、これを拒否してはならない。**

水道事業者は、事業計画に定める給水区域内の需要者から給水契約の申し込みを受けたときは、原則、拒んではならないが、正当な理由があってやむを得ない場合には、給水区域の全部または一部につき、その間給水を停止することができる。

給水を停止することができる正当な理由は、次のとおりである。

①水道事業者は、当該水道により給水を受ける者が正当な理由なしに給水装置の検査を拒んだときは、供給規程の定めるところにより、その者に対する給水を停止することができる。

②水道事業者は、当該水道により給水を受ける者が料金を支払わないときは、供給規程の定めるところにより、その者に対する給水を停止することができる。

ここが頻出だ！

- **水道事業者は、当該水道により給水を受ける者が正当な理由なしに給水装置の検査を拒んだときは、供給規程の定めるところにより、その者に対する給水を停止することができる。**
- **水道事業者は、当該水道により給水を受ける者が料金を支払わないときは、供給規程の定めるところにより、その者に対する給水を停止することができる。**

一方、水道事業者の給水区域内で水道水の供給を受けようとする住民には、その水道事業者以外の水道事業者を選択する自由はない。

3｜供給規程

水道事業者は、供給規程を定めなければならない。供給規程とは、水道事業者と水道の需要者との給水契約の内容を示すもので、水道法第14条に、次のように規定されている。

供給規程

第14条　水道事業者は、料金、給水装置工事の費用の負担区分その他の供給条件について、供給規程を定めなければならない。

2　前項の供給規程は、次に掲げる要件に適合するものでなければならない。

一　料金が、能率的な経営の下における適正な原価に照らし、健全な経営を確保することができる公正妥当なものであること。

二　料金が、定率又は定額をもつて明確に定められていること。

三　水道事業者及び水道の需要者の責任に関する事項並びに給水装置工事の費用の負担区分及びその額の算出方法が、適正かつ明確に定められていること。

四　特定の者に対して不当な差別的取扱いをするものでないこと。

五　貯水槽水道（水道事業の用に供する水道及び専用水道以外の水道であつて、水道事業の用に供する水道から供給を受ける水のみを水源とするものをいう。以下この号において同じ。）が設置される場合においては、貯水槽水道に関し、水道事業者及び当該貯水槽水道の設置者の責任に関する事項が、適正かつ明確に定められていること。

3　前項各号に規定する基準を適用するについて必要な技術的細目は、厚生労働省令で定める。

4　水道事業者は、供給規程を、その実施の日までに一般に周知させる措置をとらなければならない。

5　水道事業者が地方公共団体である場合にあつては、供給規程に定められた事項のうち料金を変更したときは、厚生労働省令で定めるところにより、その旨を厚生労働大臣に届け出なければならない。

6　水道事業者が地方公共団体以外の者である場合にあつては、供給規程に定められた供給条件を変更しようとするときは、厚生労働大臣の認可を受けなければならない。

7　厚生労働大臣は、前項の認可の申請が第2項各号に掲げる要件に適合していると認めるときは、その認可を与えなければならない。

ここが頻出だ！

- 料金が、定率または定額をもって明確に定められていること。
- 水道事業者及び需要者の責任に関する事項並びに給水装置工事の費用の負担区分及びその額の算出方法が、適正かつ明確に定められていること。

● 貯水槽水道が設置される場合においては、貯水槽水道に関し、水道事業者及び当該貯水槽水道の設置者の責任に関する事項が、適正かつ明確に定められていること。

供給規程には、水道事業者及び水道の需要者の責任に関する事項を定める必要があるが、貯水槽水道（受水槽、高置水槽等の貯水槽による水道）が設置される場合においては、水道事業者及び貯水槽水道の設置者の責任に関する事項について、定める必要がある。

水道博士のワンポイントアドバイス

貯水槽水道の場合には、需要者ではなく、設置者になっていることに注意が必要じゃよ。

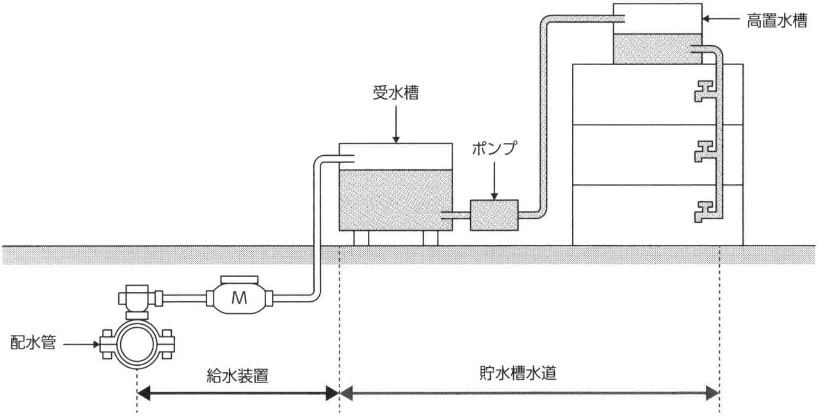

貯水槽水道の例

また、水道事業者が地方公共団体である場合は、料金を変更したときは厚生労働大臣への届出が、水道事業者が地方公共団体以外の者である場合は、供給条件を変更しようとするときは、厚生労働大臣の認可が必要である。

水道博士のワンポイントアドバイス

地方公共団体以外の場合には、届出ではなく、認可になっていることに要注意じゃ。

4 | 水道技術管理者

水道技術管理者とは、水道の管理について技術上の業務を担当させるため、水道事業者が置かなければならない管理者で、水道法第 19 条に、次のように規定されている。

水道技術管理者

第 19 条　水道事業者は、水道の管理について技術上の業務を担当させるため、水道技術管理者 1 人を置かなければならない。ただし、自ら水道技術管理者となることを妨げない。

2　水道技術管理者は、次に掲げる事項に関する事務に従事し、及びこれらの事務に従事する他の職員を監督しなければならない。

一　水道施設が第 5 条の規定による施設基準に適合しているかどうかの検査（第 22 条の 2 第 2 項に規定する点検を含む。）

二　第 13 条第 1 項の規定による水質検査及び施設検査

三　給水装置の構造及び材質が第 16 条の規定に基く政令で定める基準に適合しているかどうかの検査

四　次条第 1 項の規定による水質検査

五　第 21 条第 1 項の規定による健康診断

六　第 22 条の規定による衛生上の措置

七　第 22 条の 3 第 1 項の台帳の作成

八　第 23 条第 1 項の規定による給水の緊急停止

九　第 37 条前段の規定による給水停止

3　水道技術管理者は、政令で定める資格（当該水道事業者が地方公共団体である場合にあつては、当該資格を参酌して当該地方公共団体の条例で定める資格）を有する者でなければならない。

水道事業者は、水道技術管理者１人を置かなければならないが、自ら水道技術管理者となることも可能である。

水道技術管理者は、水道施設の検査、水質検査、給水装置の検査に関する事務に従事し、他の職員を監督しなければならない。給水装置工事の検査に関しては、水道技術管理者は、水道技術管理者本人またはその者の監督の下、給水装置工事終了後に当該給水装置が給水装置の構造及び材質の基準に適合しているか否かの竣工検査を実施しなければならない。

5｜水道事業者の責務

水道事業者の責務に関する事項には、技術者による布設工事の監督、給水開始前の届出及び検査、水質検査、健康診断、衛生上の措置、給水の緊急停止等があり、水道法の各条に次のように規定されている。

技術者による布設工事の監督

第12条　水道事業者は、水道の布設工事（当該水道事業者が地方公共団体である場合にあつては、当該地方公共団体の条例で定める水道の布設工事に限る。）を自ら施行し、または他人に施行させる場合においては、その職員を指名し、または第三者に委嘱して、その工事の施行に関する技術上の監督業務を行わせなければならない。

2　前項の業務を行う者は、政令で定める資格（当該水道事業者が地方公共団体である場合にあつては、当該資格を参酌して当該地方公共団体の条例で定める資格）を有する者でなければならない。

給水開始前の届出及び検査

第13条　水道事業者は、配水施設以外の水道施設又は配水池を新設し、増設し、又は改造した場合において、その新設、増設又は改造に係る施設を使用して給水を開始しようとするときは、あらかじめ、厚生労働大臣にその旨を届け出で、かつ、厚生労働省令の定めるところにより、水質検査及び施設検査を行わなければならない。

2　水道事業者は、前項の規定による水質検査及び施設検査を行つたときは、これに関する記録を作成し、その検査を行つた日から起算して5年間、これを保存しなければならない。

水質検査

第20条　水道事業者は、厚生労働省令の定めるところにより、定期及び臨時の水質検査を行わなければならない。

2　水道事業者は、前項の規定による水質検査を行つたときは、これに関する記録を作成し、水質検査を行つた日から起算して5年間、これを保存しなければならない。

3　水道事業者は、第1項の規定による水質検査を行うため、必要な検査施設を設けなければならない。ただし、当該水質検査を、厚生労働省令の定めるところにより、地方公共団体の機関または厚生労働大臣の登録を受けた者に委託して行うときは、この限りでない。

健康診断

第21条　水道事業者は、水道の取水場、浄水場又は配水池において業務に従事している者及びこれらの施設の設置場所の構内に居住している者について、厚生労働省令の定めるところにより、定期及び臨時の健康診断を行わなければならない。

2　水道事業者は、前項の規定による健康診断を行つたときは、これに関する記録を作成し、健康診断を行つた日から起算して1年間、これを保存しなければならない。

衛生上の措置

第22条　水道事業者は、厚生労働省令の定めるところにより、水道施設の管理及び運営に関し、消毒その他衛生上必要な措置を講じなければならない。

給水の緊急停止

第23条　水道事業者は、その供給する水が人の健康を害するおそれがあることを知つたときは、直ちに給水を停止し、かつ、その水を使用することが危険である旨を関係者に周知させる措置を講じなければならない。

2　水道事業者の供給する水が人の健康を害するおそれがあることを知つた者は、直ちにその旨を当該水道事業者に通報しなければならない。

技術者による布設工事の監督に関しては、水道事業者及び水道用水供給事業者は、一定の資格を有する布設工事監督者の監督のもとで水道施設を建設しなければならない。

定期及び臨時の水質検査に関しては、水道法施行規則第15条に、供給される水の色及び濁り並びに消毒の残留効果に関する検査を1日に1回以上行う旨、規定されている。

衛生上必要な措置に関しては、水道法施行規則第17条に、取水場、貯水池、導水渠《きょ》、浄水場、配水池及びポンプ井《せい》を常に清潔に保ち、汚染防止を充分にする旨、規定されている。

6 | 給水装置及び給水装置工事

給水装置及び給水装置工事については、水道法の各条に次のように規定されている。

用語の定義

第3条

9　この法律において「給水装置」とは、需要者に水を供給するために水道事業者の施設した配水管から分岐して設けられた給水管及びこれに直結する給水用具をいう。

11　この法律において「給水装置工事」とは、給水装置の設置又は変更の工事をいう。

給水装置の構造及び材質

第16条　水道事業者は、当該水道によつて水の供給を受ける者の給水装置の構造及び材質が、政令で定める基準に適合していないときは、供給規程の定めるところにより、その者の給水契約の申込を拒み、又はその者が給水装置をその基準に適合させるまでの間その者に対する給水を停止することができる。

給水装置工事

第16条の2　水道事業者は、当該水道によつて水の供給を受ける者の給水装置の構造及び材質が前条の規定に基づく政令で定める基準に適合することを確保するため、当該水道事業者の給水区域において給水装置工事を適正に施行することができると認められる者の指定をすることができる。

2　水道事業者は、前項の指定をしたときは、供給規程の定めるところにより、当該水道によつて水の供給を受ける者の給水装置が当該水道事業者又は当該指定を受けた者（以下「指定給水装置工事事業者」という。）の施行した給水装置工事に係るものであることを供給条件とすることができる。

3　前項の場合において、水道事業者は、当該水道によつて水の供給を受ける者の給水装置が当該水道事業者又は指定給水装置工事事業者の施行した給水装置工事に係るものでないときは、供給規程の定めるところにより、その者の給水契約の申込みを拒み、又はその者に対する給水を停止することができる。ただし、厚生労働省令で定める給水装置の軽微な変更であるとき、又は当該給水装置の構造及び材質が前条の規定に基づく政令で定める基準に適合していることが確認されたときは、この限りでない。

給水装置とは、配水管から分岐して設けられた給水管及びこれに直結する給水用具をいい、配水管から分岐された給水管に直結する水道メーターは、水道事業者の所有物であるが、給水装置に該当する。一方、ビルなどで水道水を一旦受水槽に受けて給水する場合、受水槽以降の給水栓、ボールタップ、湯沸器等の給水用具は給水装置には該当しない。

ここが頻出だ！

- **配水管から分岐された給水管に直結する水道メーターは、給水装置に該当する。**

給水装置工事とは、給水装置の設置または変更の工事をいい、給水装置を撤去する工事も給水装置工事に含まれる。例えば、配水管から分岐された給水管に直結して温水洗浄便座や自動販売機を設置する工事は、給水装置工事に該当する。一方、工場生産住宅に、工場内で給水管及び給水用具を設置する作業等は、給水装置工事には該当しない。

水道事業者は、供給規程により、給水装置が指定給水装置工事事業者の施行を供給条件とし、給水装置が基準に適合していないときは、給水を停止することができる旨、規定されている。

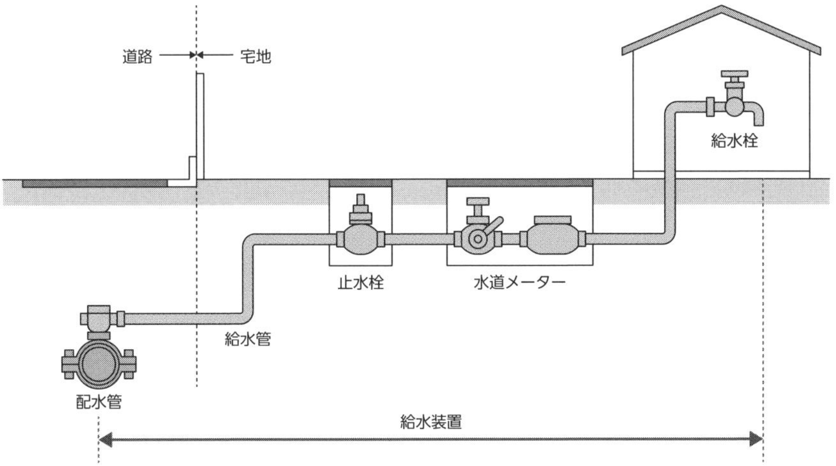

給水装置

7｜給水装置の検査

給水装置の検査に関する事項は、水道法第 17 条、第 18 条に、次のように規定されている。

給水装置の検査

第 17 条　水道事業者は、日出後日没前に限り、その職員をして、当該水道によつて水の供給を受ける者の土地又は建物に立ち入り、給水装置を検査させることができる。ただし、人の看守し、若しくは人の住居に使用する建物又は閉鎖された門内に立ち入るときは、その看守者、居住者又はこれらに代るべき者の同意を得なければならない。

2　前項の規定により給水装置の検査に従事する職員は、その身分を示す証明書を携帯し、関係者の請求があつたときは、これを提示しなければならない。

検査の請求

第 18 条　水道事業によつて水の供給を受ける者は、当該水道事業者に対して、給水装置の検査及び供給を受ける水の水質検査を請求することができる。

2　水道事業者は、前項の規定による請求を受けたときは、すみやかに検査を行い、その結果を請求者に通知しなければならない。

給水装置の検査に関しては、水道事業者は、日出後日没前に限り、職員による立ち入り検査ができる旨、並びに、水の供給を受ける者は、水道事業者に対して、給水装置の検査及び水質検査を請求することができる旨、規定されている。

8｜指定給水装置工事事業者

指定給水装置工事事業者に関しては、水道法第16条の2に、次のように規定されている。

給水装置工事

第16条の2　水道事業者は、当該水道によつて水の供給を受ける者の給水装置の構造及び材質が前条の規定に基づく政令で定める基準に適合することを確保するため、当該水道事業者の給水区域において給水装置工事を適正に施行することができると認められる者の指定をすることができる。

1．指定に関する事項

水道事業者が、給水区域において、給水装置工事を適正に施行することができる者を指定することができるが、指定の基準は、水道法により、「厚生労働省令で定める機械器具を有する者であること。」等と、全国一律に定められている。

ここが頻出だ！

● **指定給水装置工事事業者の指定の基準は、全国一律に定められている。**

水道事業者は、指定の基準を満たす者から申請があれば、指定しなければならない。また、指定をしたときは、遅滞なくその旨を一般に周知させる措置をとらなければならない。

水道事業者は、指定給水装置工事事業者が指定の基準に適合しなくなったときは、指定を取り消すことができる。また、指定を取り消され、2年を経過しない者は、当該水道事業者から指定を受けることができない。また、5年ごとに更新を受けなければ、指定の効力を失う。

2. 事業の運営の基準

指定給水装置工事事業者の事業の基準として、水道法第25条の8に、次のように規定されている。

事業の基準

第25条の8　指定給水装置工事事業者は、厚生労働省令で定める給水装置工事の事業の運営に関する基準に従い、適正な給水装置工事の事業の運営に努めなければならない。

また、指定給水装置工事事業者の事業の運営等に関する事項は、水道法施行規則の各条に、次のように規定されている。

給水装置工事主任技術者の選任

第21条　指定給水装置工事事業者は、法第16条の2の指定を受けた日から2週間以内に給水装置工事主任技術者を選任しなければならない。

廃止等の届出

第35条　法第25条の7の規定により事業の廃止、休止又は再開の届出をしようとする者は、事業を廃止し、又は休止したときは、当該廃止又は休止の日から30日以内に、事業を再開したときは、当該再開の日から10日以内に、様式第11による届出書を水道事業者に提出しなければならない。

事業の運営の基準

第36条　法第25条の8に規定する厚生労働省令で定める給水装置工事の事業の運営に関する基準は、次の各号に掲げるものとする。

一　給水装置工事（第13条に規定する給水装置の軽微な変更を除く。）ごとに、法第25条の4第1項の規定により選任した給水装置工事主任技術者のうちから、当該工事に関して法第25条の4第3項各号に掲げる職務を行う者を指名すること。

二　配水管から分岐して給水管を設ける工事及び給水装置の配水管への取付口から水道メーターまでの工事を施行する場合において、当該配水管及び他の地下埋設物に変形、破損その他の異常を生じさせることがないよう適切に作業を行うことができる技能を有する者を従事させ、又はその者に当該工事に従事する他の者を実施に監督させること。

三　水道事業者の給水区域において前号に掲げる工事を施行するときは、あらかじめ当該水道事業者の承認を受けた工法、工期その他の工事上の条件に適合するように当該工事を施行すること。

四　給水装置工事主任技術者及びその他の給水装置工事に従事する者の給水装置工事の施行技術の向上のために、研修の機会を確保するよう努めること。

五　次に掲げる行為を行わないこと。

イ　令第6条に規定する基準に適合しない給水装置を設置すること。

ロ　給水管及び給水用具の切断、加工、接合等に適さない機械器具を使用すること。

六　施行した給水装置工事（第13条に規定する給水装置の軽微な変更を除く。）ごとに、第一号の規定により指名した給水装置工事主任技術者に次の各号に掲げる事項に関する記録を作成させ、当該記録をその作成の日から3年間保存すること。

指定給水装置工事事業者は、指定を受けた日から14日以内に給水装置工事主任技術者を選任し、給水装置工事ごとに、給水装置工事主任技術者を指名しなければならない。また、給水装置工事の事業を廃止または休止したときは、30日以内に水道事業者に届出書を提出しなければならない。

その他の事業の運営の基準としては、取付口から水道メーターまでの工事等を施行する場合における水道事業者の承認を受けた条件への適合、施行技術の向上のための研修、工事記録の作成と3年間の保存、基準に適合しない給水装置を設置しないこと、適さない機械器具を使用しないこと等が規定されている。

3. 給水装置工事主任技術者の立会い、報告または資料の提出

給水装置工事主任技術者の立会い、報告または資料の提出については、水道法に次のように規定されている。

給水装置工事主任技術者の立会い

第25条の9　水道事業者は、第17条第1項の規定による給水装置の検査を行うときは、当該給水装置に係る給水装置工事を施行した指定給水装置工事事業者に対し、当該給水装置工事を施行した事業所に係る給水装置工事主任技術者を検査に立ち会わせることを求めることができる。

報告又は資料の提出

第25条の10　水道事業者は、指定給水装置工事事業者に対し、当該指定給水装置工事事業者が給水区域において施行した給水装置工事に関し必要な報告又は資料の提出を求めることができる。

水道事業者は、指定給水装置工事事業者に対し、給水装置工事主任技術者を検査に立ち会わせること、報告または資料の提出を求めることができる旨、規定されている。

ここが頻出だ！

- **指定給水装置工事事業者は、水道事業者の要求があれば、工事事業者が施行した給水装置工事に関し必要な報告または資料の提出をしなければならない。**

指定工事事業者は、水道事業者の要求があれば、給水装置の検査に給水装置工事主任技術者を立ち会わせ、または、報告または資料の提出をしなければならないことなど、水道事業者が水道法に基づいて行う監督に服さなければならない。

なお、給水装置工事主任技術者の立会い、報告または資料の提出に関する水道事業者の求めに対し、正当な理由なくこれに応じないとき、または虚偽の報告若しくは資料の提出をしたときは、水道事業者は、指定

給水装置工事事業者の指定を取り消すことができる旨、水道法第25条の11に規定されている。

9｜給水装置工事主任技術者の職務

給水装置工事主任技術者の職務等に関しては、水道法第25条の4に、次のように規定されている。

給水装置工事主任技術者

第25条の4　指定給水装置工事事業者は、事業所ごとに、第3項各号に掲げる職務をさせるため、厚生労働省令で定めるところにより、給水装置工事主任技術者免状の交付を受けている者のうちから、給水装置工事主任技術者を選任しなければならない。

2　指定給水装置工事事業者は、給水装置工事主任技術者を選任したときは、遅滞なく、その旨を水道事業者に届け出なければならない。これを解任したときも、同様とする。

3　給水装置工事主任技術者は、次に掲げる職務を誠実に行わなければならない。

一　給水装置工事に関する技術上の管理

二　給水装置工事に従事する者の技術上の指導監督

三　給水装置工事に係る給水装置の構造及び材質が第16条の規定に基づく政令で定める基準に適合していることの確認

四　その他厚生労働省令で定める職務

4　給水装置工事に従事する者は、給水装置工事主任技術者がその職務として行う指導に従わなければならない。

指定給水装置工事事業者は、事業所ごとに、免状の交付を受けている者から給水装置工事主任技術者を選任し、水道事業者に届け出なければならない。解任したときも、届け出なければならない。

給水装置工事主任技術者は、給水装置工事について、技術上の管理、技術上の指導監督、基準に適合していることの確認等の職務を誠実に行わなければならない。

ここが頻出だ！

● **給水装置工事主任技術者は、給水装置工事に係る給水装置の構造及び材質が構造材質基準に適合していることの確認を行わなければならない。**

さらに、給水装置工事主任技術者の職務に関しては、水道法施行規則第23条に次のように規定されている。

給水装置工事主任技術者の職務

第23条　法第25条の4第3項第四号の厚生労働省令で定める給水装置工事主任技術者の職務は、水道事業者の給水区域において施行する給水装置工事に関し、当該水道事業者と次の各号に掲げる連絡または調整を行うこととする。

一　配水管から分岐して給水管を設ける工事を施行しようとする場合における配水管の位置の確認に関する連絡調整

二　第36条第1項第二号に掲げる工事に係る工法、工期その他の工事上の条件に関する連絡調整

三　給水装置工事（第13条に規定する給水装置の軽微な変更を除く。）を完了した旨の連絡

給水装置工事主任技術者の職務として、配水管から分岐して給水管を設ける工事を施行しようとする場合における配水管の位置の確認に関する水道事業者との連絡調整や、給水装置工事を完了した旨の水道事業者への連絡等が規定されている。

ここが頻出だ！

● **給水装置工事主任技術者は、配水管から分岐して給水管を設ける工事を施行しようとする場合の配水管の位置の確認に関する水道事業者との連絡調整を行わなければならない。**

● **給水装置工事主任技術者は、配水管から分岐して給水管を設ける工事及び給水装置の配水管への取付口から水道メーターまでの工事**

を施行しようとする場合の工法、工期その他の工事上の条件に関する水道事業者との連絡調整を行わなければならない。

- 給水装置工事主任技術者は、給水装置工事（水道法施行規則第 13 条に規定する給水装置の軽微な変更を除く。）を完了した旨の連絡を行わなければならない。

水道博士のワンポイントアドバイス

水道事業者との連絡に、着工した旨の連絡は定められていないことに要注意じゃ。

重要ポイントを覚えよう！

1 □ 水道事業を経営しようとする者は、厚生労働大臣の認可を受けなければならない。

2 □ 水道事業者は、事業計画に定める給水区域内の需要者から給水契約の申し込みを受けた場合には、正当な理由がない限り、これを拒否してはならない。

3 □ 水道事業者は、当該水道により給水を受ける者が料金を支払わないときは、供給規程の定めるところにより、その者に対する給水を停止することができる。

4 □ 供給規程には、水道事業者及び需要者の責任に関する事項並びに給水装置工事の費用の負担区分及びその額の算出方法が、適正かつ明確に定められていなければならない。

5 □ 供給規程には、貯水槽水道が設置されている場合においては、貯水槽水道に関し、水道事業者及び当該貯水槽水道の設置者の責任に関する事項が、適正かつ明確に定められていなければならない。

6 □ 水道事業者は、供給規程を、その実施の日までに一般に周知させる措置をとらなければならない。

7 □ 水道事業者は、水道の管理について技術上の業務を担当させるため、水道技術管理者 1 人を置かなければならない。この場合、水道事業者は、自ら水道技術管理者となることができる。

8 □ 配水管から分岐された給水管に直結する水道メーターは、給水装置に該当する。

9 □ 水道事業によって水の供給を受ける者は、当該水道事業者に対して、給水装置の検査及び供給を受ける水の水質検査を請求することができる。

10 □ 指定給水装置工事事業者の指定の基準は、全国一律に定められている。

11 □ 指定給水装置工事事業者は、工事ごとに、指名した給水装置工事主任技術者に所要の記録を作成させ、それを 3 年間保存しなければならない。

12 □ 給水装置工事主任技術者は、給水装置工事に係る給水装置の構造及び材質が構造材質基準に適合していることの確認を行わなければならない。

13 □ 給水装置工事主任技術者は、給水装置工事（水道法施行規則第 13 条に規定する給水装置の軽微な変更を除く。）を完了した旨の連絡を行わなければならない。

こんな選択肢に注意！

配水管から分岐された給水管に直結して自動販売機を設置する工事は、給水装置工事に~~該当しない~~。

配水管から分岐された給水管に直結して自動販売機を設置する工事は、給水装置工事に該当する。

供給規定には、~~専用水道~~が設置されている場合においては、~~専用水道~~に関し、水道事業者及び当該~~専用水道~~の設置者の責任に関する事項が、適正かつ明確に定められていること。

供給規定には、貯水槽水道が設置されている場合においては、貯水槽水道に関し、水道事業者及び当該貯水槽水道の設置者の責任に関する事項が、適正かつ明確に定められていること。

水道事業によって水の供給を受ける者は、~~指定給水装置工事事業者~~に対して、給水装置の検査及び供給を受ける水の水質検査を請求することができる。

水道事業によって水の供給を受ける者は、当該水道事業者に対して、給水装置の検査及び供給を受ける水の水質検査を請求することができる。

指定給水装置工事事業者は、水道事業者から指定を受けた日から~~30日~~以内に給水装置工事主任技術者を選任しなければならない。

指定給水装置工事事業者は、水道事業者から指定を受けた日から14日以内に給水装置工事主任技術者を選任しなければならない。

指定給水装置工事事業者は、~~水道メーターの下流側から給水栓までの工事~~を施行しようとする場合の工法、工期その他の工事上の条件に関する水道事業者との連絡調整を行わなければならない。

指定給水装置工事事業者は、配水管から分岐して給水管を設ける工事及び給水装置の配水管への取付口から水道メーターまでの工事を施行しようとする場合の工法、工期その他の工事上の条件に関する水道事業者との連絡調整を行わなければならない。

第3章

給水装置工事事務論

第3章 給水装置工事事務論

出題のポイント

給水装置工事事務論の分野からは毎年5問出題される。給水装置工事事務論の内容は、給水装置工事主任技術者の職務、指定給水装置工事事業者及び給水装置工事主任技術者、給水装置工事に係る記録の作成及び保存、給水装置の構造及び材質の基準に関する省令等に関する事項が出題される。

1 | 給水装置工事主任技術者の職務

1. 給水装置工事主任技術者の役割と求められる知識・技能

給水装置工事主任技術者は、調査段階から検査段階までの一連の業務からなる工事全体の管理など、給水装置工事を適正に施行するための技術の要としての役割を果たさなければならない。また、給水装置工事に従事する者の技術上の指導監督を誠実に行わなければならない。

給水装置工事主任技術者に求められる知識と技能は、給水装置工事における工程の各段階において必要となる技術的な知識、技能はもとより、水道事業者が定めている供給規程に基づき工事着手に至るまでの手続きや、工事後の竣工検査の手続き等多岐にわたる。

2. 給水装置工事の事前調査

給水装置工事主任技術者は、事前調査においては、地形、地質はもとより既存の地下埋設物の状況等について、十分調査を行わなければならない。それにより得られた情報を給水装置工事の施行に確実に反映させなければならない。

給水装置工事の事前調査において、技術的な調査を行うが、必要となる官公署等の手続きを漏れなく確実に行うことができるように、関係する水道事業者の供給規程のほか、関係法令等も調べる必要がある。さらに、酸・アルカリに対する防食、凍結防止等の工事の必要性の有無も調べる必要がある。

3．給水装置工事に伴う埋設物に対する保安

給水装置工事主任技術者は、道路下の配管工事について、通行者及び通行車両等、工事の実施に伴う公衆に対する安全の確保を図らなければならないが、水道管と同様に埋設してあるガス管、電力線及び電話線等の保安についても、当然、配慮を求められる。

ここが頻出だ！

● **給水装置工事主任技術者は、道路下の配管工事について、通行者及び通行車両の安全確保の他、水道管以外のガス管、電力線及び電話線等の保安についても配慮を求められる。**

4．給水装置工事の施工計画

給水装置工事主任技術者は、工事現場の状況に応じて適正な施工計画などをたて、必要となる人員の配置及び指導や工程、品質、安全に係る管理等のほか、水道事業者をはじめとする官公署などとの調整、手続きを行い、適切な工法や材料を選択できるよう、関係する法令なども含めた知識及び技術が必要である。

5．給水装置工事の施行・監督

水道法施行規則第36条（事業の運営の基準）の第二号に、給水装置工事のうちの配水管から分岐して給水管を設ける工事等の施行、監督について、次のように規定されている。

事業の運営の基準

第36条　法第25条の8に規定する厚生労働省令で定める給水装置工事の事業の運営に関する基準は、次の各号に掲げるものとする。

二　配水管から分岐して給水管を設ける工事及び給水装置の配水管への取付口から水道メーターまでの工事を施行する場合において、当該配水管及び他の地下埋設物に変形、破損その他の異常を生じさせることがないよう適切に作業を行うことができる技能を有する者を従事させ、又は

その者に当該工事に従事する他の者を実施に監督させること。

水道博士のワンポイントアドバイス

「適切に作業を行うことができる技能を有する者」とは、給水装置工事主任技術者である必要はない。したがって、給水装置工事主任技術者が、自ら施行する必要もなければ、現場にいて監督する必要もない。逆に、給水装置工事主任技術者が施行してはならないわけでもないので、自ら施行してもよいのじゃ。

6．給水装置工事の安全管理

給水装置工事主任技術者は、工事従事者の安全を確保し、労働災害の防止に努めるとともに、工事従事者の健康を管理し、水系感染症に注意して水道水を汚染しないよう管理しなければならない。

7．給水装置工事の竣工検査

給水装置工事主任技術者は、自らまたはその責任のもと信頼できる現場の従事者に指示することにより、適正な竣工検査を確実に実施しなければならない。

水道博士のワンポイントアドバイス

竣工検査は、給水装置工事主任技術者が自ら実施してもよいが、信頼できる者に指示して実施してもよいぞ。

8．水道事業者の検査の立会い

水道事業者が水道法に基づき給水装置の検査を行う際に、水道事業者から当該給水装置工事を施行した指定給水装置工事事業者に対し、当該事業所に係る主任技術者の立会いの要求があった場合、立会うことは給水装置工事主任技術者の職務である。

水道博士のワンポイントアドバイス

求められたら立会う必要がある。求められなければ、立会う必要はないのじゃ。

9．給水装置の構造及び材質の基準に関する省令への適合

給水装置工事主任技術者は、給水装置工事に使用する給水管や給水用具について、その製品の製造業者等に対して、給水装置の構造及び材質の基準に関する省令に適合していることが判断できる資料の提出を求めること等により、基準適合品であることを確認したうえで、使用しなければならない。

また、給水装置工事の施主から、工事に使用する給水管や給水用具を指示される場合があるが、それらが基準に適合しないものであれば、使用できない理由を明確にして施主に説明しなければならない。現場の状況等から給水装置工事主任技術者の判断により、それらの資機材を使用することはできない。

また、例えば、施主からの強い要望により施主の希望する外国製給水用具の取り付けを依頼されたが、その給水用具が基準に適合している証明がなかった場合においても、使用できない旨、説明することが適切な対応といえる。

ここが頻出だ！

- **給水装置工事主任技術者は、当該給水装置工事の施主から、工事**

に使用する給水管や給水用具を指示される場合、それらが給水装置の構造及び材質の基準に適合しないものであれば、使用できない理由を明確にして施主に説明しなければならない。

2｜指定給水装置工事事業者及び給水装置工事主任技術者

1．指定給水装置工事事業者の指定の申請

指定給水装置工事事業者の指定の申請については、水道法第25条の2に、次のように規定されている。

指定の申請

第25条の2　第16条の2第1項の指定は、給水装置工事の事業を行う者の申請により行う。

2　第16条の2第1項の指定を受けようとする者は、厚生労働省令で定めるところにより、次に掲げる事項を記載した申請書を水道事業者に提出しなければならない。

一　氏名又は名称及び住所並びに法人にあつては、その代表者の氏名

二　当該水道事業者の給水区域について給水装置工事の事業を行う事業所（以下この節において単に「事業所」という。）の名称及び所在地並びに第25条の4第1項の規定によりそれぞれの事業所において選任されることとなる給水装置工事主任技術者の氏名

三　給水装置工事を行うための機械器具の名称、性能及び数

四　その他厚生労働省令で定める事項

指定給水装置工事事業者の指定は、水道事業者ごとに行われるものである。したがって、複数の水道事業者の給水区域において給水装置工事を行うには、水道事業者ごとに指定の申請を行わなければならない。

水道事業者より指定給水装置工事事業者の指定を受けようとする者は、所定の申請書を提出しなければならない。この申請書の記載事項には、それぞれの事業所において選任されることとなる給水装置工事主任技術者の氏名も含まれる。

2. 給水装置工事主任技術者の選任

給水装置工事主任技術者の選任については、水道法施行規則第21条に次のように規定されている。

給水装置工事主任技術者の選任

第21条　指定給水装置工事事業者は、法第16条の2の指定を受けた日から2週間以内に給水装置工事主任技術者を選任しなければならない。

2　指定給水装置工事事業者は、その選任した給水装置工事主任技術者が欠けるに至つたときは、当該事由が発生した日から2週間以内に新たに給水装置工事主任技術者を選任しなければならない。

3　指定給水装置工事事業者は、前2項の選任を行うに当たつては、一の事業所の給水装置工事主任技術者が、同時に他の事業所の給水装置工事主任技術者とならないようにしなければならない。ただし、一の給水装置工事主任技術者が当該二以上の事業所の給水装置工事主任技術者となつてもその職務を行うに当たつて特に支障がないときは、この限りでない。

指定給水装置工事事業者は、給水装置工事の事業を行う事業所ごとに、給水装置工事主任技術者を選任しなければならない。指定給水装置工事事業者は、事業所ごとに主任技術者を選任するが、その職務を行うにあたって特に支障がなければ、同一の主任技術者を複数の事業所で選任することができる。また、給水装置工事の事業を行う事業所ごとに複数の主任技術者を選任することもできる。

ここが頻出だ！

- **指定給水装置工事事業者は、事業所ごとに給水装置工事主任技術者を選任するが、その職務を行うにあたって特に支障がなければ、同一の主任技術者を複数の事業所で選任してもよい。**

指定給水装置工事事業者は、選任した給水装置工事主任技術者が欠けるに至った場合、新たな給水装置工事主任技術者を2週間以内に選任しなければならない。給水装置工事主任技術者は、給水装置工事を適切に行わず、水道法に違反したときは、厚生労働大臣から主任技術者の免状の返納を命じられることがあるが、この場合、指定給水装置工事事業者が行った当該給水装置工事主任技術者の選任は効力を失うことになるので、新たな給水装置工事主任技術者を２週間以内に選任しなければならない。その他の事由で、選任した給水装置工事主任技術者の氏名、免状の交付番号に変更があった場合においても、水道事業者に届け出なければならない。

水道博士のワンポイントアドバイス

各種届出は、給水装置工事主任技術者ではなく、指定給水装置工事事業者が行わなければならないぞ。

３．指定の取り消しと返納

指定給水装置工事事業者及び給水装置工事主任技術者は、常に水道法及び関係法令を順守しなければならない。これらの法令に違反した場合、水道事業者から指定の取り消し、厚生労働大臣より給水装置工事主任技術者免状の返納を命じられることがある。

水道博士のワンポイントアドバイス

指定の取り消しは水道事業者が、免状の返納は厚生労働大臣が命じるのじゃ。

４．水道事業者の検査

水道事業者による検査は、工事を行った後の給水装置が、給水装置の構造及び材質の基準に関する省令に適合していることを確認し、施主に当該給水装置を引き渡すための最終的な工事品質確認である。指定給水装置工事事業者は、水道事業者に竣工図などを添えて工事完了の届出を行い、水道事業者の検査を受けなければならない。水道事業者による検査は、当該指定給水装置工事事業者の竣工検査において、給水装置が給水装置の構造及び材質の基準に関する省令に適合していることが証明されていても、省略することはできない。

水道博士のワンポイントアドバイス

検査において、水道事業者は、給水装置工事主任技術者の立会いを求めることができる。求めなければならないわけではないのじゃよ。

3 | 給水装置工事の記録及び保存

給水装置工事の記録及び保存については、水道法施行規則第36条第6号に、次のように規定されている。

事業の運営の基準

第36条　法第25条の8に規定する厚生労働省令で定める給水装置工事の事業の運営に関する基準は、次に掲げるものとする。

六　施行した給水装置工事（第13条に規定する給水装置の軽微な変更を除く。）ごとに、第一号の規定により指名した給水装置工事主任技術者に次の各号に掲げる事項に関する記録を作成させ、当該記録をその作成の日から3年間保存すること。

イ　施主の氏名又は名称

ロ　施行の場所

ハ　施行完了年月日

ニ　給水装置工事主任技術者の氏名

ホ　竣工図

ヘ　給水装置工事に使用した給水管及び給水用具に関する事項
ト　法第 25 条の 4 第 3 項第三号の確認の方法及びその結果

1．記録の義務者と保存期間

指定給水装置工事事業者は、給水装置工事の記録として、施主の氏名または名称、施行の場所、竣工図等、法令に定められた事項の記録を作成し、3 年間保存しなければならない。

ここが頻出だ！

- 指定給水装置工事事業者**は、給水装置工事の施主の氏名または名称、施行場所、竣工図、品質管理の項目とその結果等についての**記録**を作成しなければならない。**

2．記録の作成

給水装置工事の記録の作成は、指名された給水装置工事主任技術者が行うこととなるが、給水装置工事主任技術者の指導・監督のもとで他の従業員に行わせることができる。

ここが頻出だ！

- **給水装置工事の記録の作成は、指名された**給水装置工事主任技術者**が行うことになるが、給水装置工事主任技術者の**指導・監督のもとで他の従業員**が行ってもよい。**

水道博士のワンポイントアドバイス

記録の作成、保存の義務が課せられているのは、指定給水装置工事事業者じゃよ。

3．記録の様式

給水装置工事の記録については、特に様式が定められているものではない。電子記録を活用するなど、事務の遂行に最も都合がよい方法で記録を作成して保存すればよい。

したがって、水道事業者に給水装置工事の施行を申請したときに用いた申請書に記録として残すべき事項が記載されていれば、その写しを記録として保存してもよい。また、パソコンのハードディスクなどの電子媒体で保存することも認められている。

ここが頻出だ！

- **給水装置工事の記録については、特に様式が定められているものではないため、電子記録を活用するなど、事務の遂行に最も都合がよい方法で記録を作成して保存すればよい。**

4．記録の活用

給水装置工事主任技術者は、給水装置工事を施行する際に生じた技術的な問題点などについて、整理して記録にとどめ、以後の工事に活用していくことが望ましい。

4｜性能基準の適合

給水装置の構造及び材質の基準に関する省令に定める性能基準に関する事項は次のとおりである。

1．性能基準とは

性能基準とは、給水装置の構造及び材質の基準に関する省令に定める性能基準をいう。給水装置の構造及び材質の基準に関する省令とは、水道法施行令第6条第2項の規定に基づき、規定された省令をいう。

給水装置の構造及び材質の基準に関する省令は、個々の給水管及び給水用具が満たすべき性能及びその定量的な判断基準（性能基準）及び給水装置工事が適正に施行された給水装置であるか否かの判断基準を明確化したもので、このうち性能基準は「耐圧」、「浸出等」、「水撃限界」、「防食」、「逆流防止」、「耐寒」、「耐久」の７項目の基準からなっている。

性能基準は、給水管及び給水用具ごとにその性能と使用場所に応じて適用され、例えば、給水管には耐圧性能と浸出性能の基準が適用される必要があり、飲用に用いる給水栓には、耐圧性能、浸出性能及び水撃限界性能の基準が適用される必要がある。

例えば、寒冷地で給水装置工事を行う際であっても、給水用具を断熱材で被覆するなど凍結防止措置を講じる場合においては、性能と使用場所に応じて、耐寒性能基準に適合した給水用具を使用しなくてもよい旨、規定されている。

ここが頻出だ！

- **基準省令に定められている性能基準は、給水管及び給水用具ごとにその性能と使用場所に応じて適用され、給水管には耐圧性能と浸出性能の基準が適用される必要があり、飲用に用いる給水栓には、耐圧性能、浸出性能及び水撃限界性能の基準が適用される必要がある。**

水道博士のワンポイントアドバイス

水撃とは、流水を給水栓などで急に閉止したとき等に生じる圧力変動のことをいうぞ。

２．給水装置データベース

給水装置用材料が使用可能か否かについては、基準省令に適合しているか否かであり、これを消費者、指定給水装置工事事業者、水道事業者等が判断することになる。この判断のための資料として、また、制度の円滑な実施のために、厚生労働省では製品ごとの性能基準への適合性に関する情報を全国的に利用できる給水装置データベースとして構築している。

「給水装置データベース」では、基準に適合した製品名、製造業者名、基準適合の内容、基準適合性の証明方法等に関する情報を集積している。掲載されている情報は、製造業者等の自主情報に基づくものであり、内容についてはその情報提供者が一切の責任を負うことになっている。その他、第三者認証機関のホームページにおいても情報提供サービスが行われている。

水道博士のワンポイントアドバイス

給水装置データベース（https://www.mhlw.go.jp/kyusuidb/index.action）は、一度、閲覧するとよい。

5 | 性能基準への適合性の認証

給水装置に用いる給水用具は、性能基準に適合していることを自己認証により証明された製品、第三者認証機関によって認証され、当該認証機関が品質確認を行った証しである認証済マークが表示されている製品、性能基準を包含する日本産業規格（JIS 規格）や日本水道協会規格（JWWA 規格）等の団体規格の JIS マークや JWWA マーク等によって規格適合が表示されている製品に該当するものを使用する必要がある。

給水装置の構造及び材質の基準が明確化、性能基準化され、給水管や給水用具が基準に適合しているか否かの確認が容易になったことから、製造者などが自らの責任で基準を消費者などに証明する自己認証を基本としている。一方、第三者認証は、自己認証が困難な製造者より客観性が高いことに着目して、それによる証明を望む製造者などが活用している。

水道博士のワンポイントアドバイス

基準適合性の証明方法には、「自己認証」「第三者認証」以外にも「規格適合」があるぞ。

1．自己認証

自己認証とは、給水管、給水用具の製造業者等が自らまたは製品試験機関などに委託して得たデータや作成した資料等に基づいて、性能基準適合品であることを証明するものであり、製造業者が自ら試験して得たデータのみによって証明することをいうものではない。

自己認証のための基準適合性の証明は、各製品が設計段階で基準省令に定める性能基準に適合していることの証明と、当該製品が製造段階で品質の安定性が確保されていることの証明が必要となる。

自己認証における基準適合性や品質の安定性を示す証明書等は、製品の種類ごとに、消費者や指定給水装置工事事業者、水道事業者等に提出される。

ここが頻出だ！

- **自己認証は、給水管、給水用具の製造業者等が自らまたは製品試験機関などに委託して得たデータや作成した資料等に基づいて、性能基準適合品であることを証明するものである。**

2．第三者認証

第三者認証とは、中立的な第三者認証機関が製品サンプル試験や工場検査等を行い、性能基準に適合しているか否かを判定するとともに、性能基準適合品が安定・継続して製造されるか否か等の検査を行って基準適合性を認証したうえで、基準に適合しているものについては認証マークを製品に表示することを認めるものである。

第三者認証機関は、社会的に高い信頼性が求められるとともに、合理的かつ透明性を有する業務の運営を行うこと、国際的に整合のとれた認証業務を行うことが必要である。

ここが頻出だ！

- **第三者認証とは、中立的な第三者機関が製品試験や工場検査等を行い、基準に適合しているものについては基準適合品として登録して、認証製品であることを示すマークの表示を認める方法である。**

水道博士のワンポイントアドバイス

第三者認証機関には、JWWA「公益社団法人日本水道協会 品質認証センター」、JHIA「一般財団法人日本燃焼機器検査協会」、JET「一般財団法人電気安全環境研究所」、JIA「一般財団法人日本ガス機器検査協会」があるぞ。

JWWA

JET 水道法基準適合

JHIA 水道法基準適合

JIA 水道法基準適合

第三者認証機関の認証マーク

3．規格適合

給水装置に使用する給水管で、日本産業規格（JIS 規格）、製造者などの団体の規格、海外認証機関の規格等の製品規格のうち、その性能基準項目の全部に係る性能条件が給水装置の構造及び材質の基準に関する省令の性能基準と同等以上の製品規格である場合、その規格により製造された製品については、構造・材質基準に適合しているものと判断して使用することができる。ただし、それらを使用すれば、自動的に給水装置が構造・材質基準に適合することになるわけではない。適切に施行されてはじめて、給水装置として基準に適合させることが可能となる。

水道博士のワンポイントアドバイス

JIS 規格等に適合している製品のすべてが、性能基準の適合品であるわけではないのじゃ。

6｜建設業法

1．建設業の許可

建設業法の許可については、次のように規定されている。

■建設業の許可

軽微な建設工事を除き、建築業の許可を受けなければならない。

軽微な建設工事

建築一式工事の場合：請負代金の額 1,500 万円未満

建築一式工事以外の場合：請負代金の額 500 万円未満

■許可区分

2 以上の都道府県に営業所を設ける場合：国土交通大臣

1 の都道府県のみに営業所を設ける場合：都道府県知事

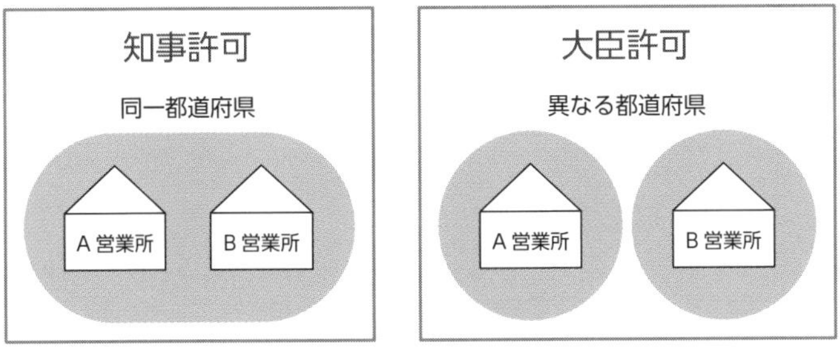

知事許可と大臣許可

■許可の有効期限

5年ごとに更新を受けなければ、効力を失う。

ここが頻出だ！

● **建設業の許可は、5年ごとにその更新を受けなければ、その期間の経過によって、その効力を失う。**

2. 一般建設業と特定建設業

建設業の許可には一般建設業と特定建設業があり、概要は次のとおりである。

・発注者から直接請け負う工事の下請代金の額が 4,500 万円以上（建築一式工事の場合は 7,000 万円以上）となる場合は、特定建設業の許可を受けなければならない。

・上記以外の建設業の許可は、一般建設業となる。

⇒したがって、下請負人は、請負金額の大小にかかわらず、一般建設業の許可で工事を請け負うことができる。

⇒したがって、すべて直営施工する者は、請負金額の大小にかかわらず、一般建設業の許可で工事を請け負うことができる。

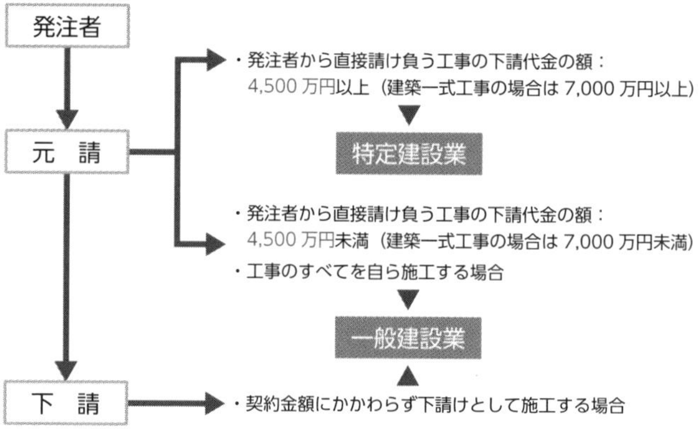

一般建設業と特定建設業

3．経営事項審査

経営事項審査とは、建設業法に定める「建設業者の経営に関する事項の審査等」のことで、概要は次のとおりである。

・「公共性のある施設又は工作物に関する建設工事で政令で定めるものを発注者から直接請け負おうとする建設業者は、国土交通省令で定めるところにより、その経営に関する客観的事項について審査を受けなければならない。」と規定されている。
・給水装置工事主任技術者免状の交付を受けた後、1 年以上の実務経験を有する者は、経営事項審査における技術的能力の評価の対象となる。

4．監理技術者・主任技術者

監理技術者、主任技術者については、次のように規定されている。

・建設業者は、施工するとき、主任技術者または監理技術者を置かなければならない。
・発注者から直接工事を請け負った特定建設業者は、下請代金の額が4,500 万円以上（建築一式工事の場合は 7,000 万円以上）になる場合は、監理技術者を置かなければならない。

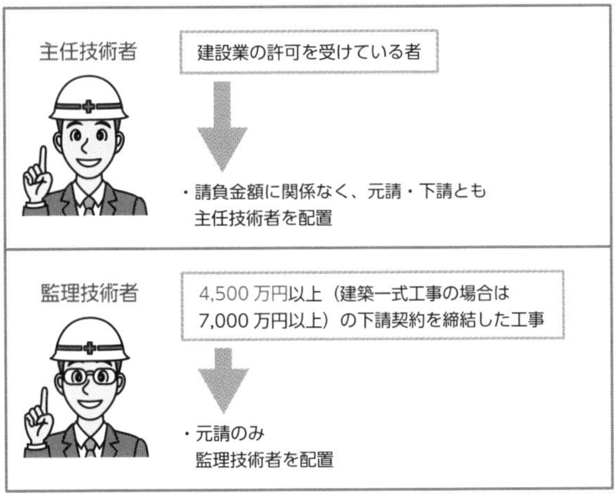

水道博士のワンポイントアドバイス

特定建設業の許可が必要になる条件と、監理技術者を置かなければならない条件は、同じじゃよ。

・主任技術者及び監理技術者は、施工計画の作成、工程管理、品質管理その他の技術上の管理及び技術上の指導監督の職務を、誠実に行わなければならない。

・公共性のある施設等または多数の者が利用する施設等の政令で定める重要な建設工事の主任技術者または監理技術者は、原則として工事現場ごとに専任の者でなければならない。

●管工事業の主任技術者となることができる主な要件

・給水装置工事主任技術者免状の交付後、1 年以上の実務経験を有する者

・10 年以上の実務経験を有する者

7 | 労働安全衛生法

1．作業主任者

作業主任者は、労働安全衛生法により、労働災害を防止するための管理を必要とする一定の作業について、その作業の区分に応じて選任が義務付けられている。概要は次のとおりである。

●作業主任者の資格要件：都道府県労働局長の免許を受けた者または技能講習修了者

●作業主任者名や作業事項を作業現場の見やすい箇所に掲示し周知

●作業主任者の職務

・作業方法の決定、作業の直接指揮

・器具及び工具等の点検、不良品の除去

・保護具（保護帽及び安全靴等）の使用状況の監視

ここが頻出だ！

● **作業主任者の主な職務は、作業の方法を決定し作業を直接指揮すること、器具及び工具を点検し不良品を取り除くこと、保護帽及び安全靴等の使用状況を監視することである。**

2．作業主任者の選任が必要な主な作業

●土止め支保工の切りばり、腹おこしの取付け、取外しの作業

⇒土止め支保工作業主任者

●掘削面の高さが 2m 以上となる地山の掘削の作業

⇒地山の掘削作業主任者

●高さ 5m 以上の足場の組立、解体、変更の作業

⇒足場の組立て等作業主任者

●酸素欠乏症及び硫化水素中毒のおそれのある場所における作業

⇒酸素欠乏危険作業主任者

ここが頻出だ！

● 掘削面の高さが 2m 以上となる地山の掘削（ずい道及びたて坑以外の坑の掘削を除く。）作業については、地山の掘削作業主任者を選任しなければならない。

3．酸素欠乏危険作業

酸素欠乏とは、空気中の酸素濃度 18% 未満の状態をいい、酸素欠乏危険場所での作業は、次のような事項が義務付けられている。

・空気中の酸素濃度を 18% 以上に保つように換気しなければならない。
・労働者を入場・退場させるときに、人員を点検しなければならない。
・酸素欠乏のおそれが生じたときは、直ちに作業を中止し、退避させなければならない。
・作業環境測定の記録を 3 年間保存しなければならない。

4．酸素欠乏等のおそれのある地層

酸素欠乏等のおそれのある地層として、次のとおり規定されている。

●上層に不透水層がある砂れき層のうち含水もしくは湧水がなく、または少ない部分
●第一鉄塩類または第一マンガン塩類を含有している地層
●メタン、エタンまたはブタンを含有する地層
●炭酸水を湧出しており、または湧出するおそれのある地層
●腐泥層

8 | 建築基準法

1. 建築基準法の目的

この法律は、建築物の敷地、構造、設備及び用途に関する最低の基準を定めて、国民の生命、健康及び財産の保護を図り、もって公共の福祉の増進に資することを目的とする。

2. 建築基準法施行令第 129 条の 2 の 4

建築基準法施行令第129条の2の4において、給水、排水その他の配管設備の設置及び構造に関する事項が、次のように規定されている。

・腐食するおそれのある部分には、腐食防止措置を講ずること。
・構造耐力上主要な部分を貫通して配管する場合は、構造耐力上支障を生じないようにすること。
・給水、排水その他の配管設備を昇降機の昇降路内に設けないこと。
・圧力タンク及び給湯設備には、安全装置を設けること。
・給水管等の防火区画を貫通する部分と、そこからそれぞれ両側に1m以内の部分を不燃材料で造ること。
・飲料水の配管設備とその他の配管設備とは、直接連結させないこと。
・飲料水の水栓の開口部は、あふれ面との垂直距離を保つ等、逆流防止措置を講ずること。
・飲料水の配管設備から漏水しないものであること。
・飲料水の配管設備から溶出する物質により汚染されないこと。
・給水管の凍結のおそれのある部分には、防凍措置を講ずること。
・給水タンクは、ほこりその他が入らない構造とし、金属性のものは、錆止め措置を講ずること。

3. 建設省告示第 1597 号

建設省告示第1597号において、建築物に設ける飲料水の配管設備及び排水のための配管設備を安全上及び衛生上支障のない構造とするための基準として、次のように規定されている。

・ウォーターハンマーのおそれがある場合は、エアチャンバーを設ける等、防止措置を講ずること。
・主要な分岐管には、分岐点に近接し、かつ、操作ができる部分に止水弁を設けること。
・外部から給水タンク等の天井、底または周壁の保守点検を容易かつ安全に行うことができるように設けること。
・給水タンク等の天井、底または周壁は、建築物の他の部分と兼用しないこと。
・給水タンク等の内部には、飲料水の配管設備以外の配管設備を設けないこと。

水道博士のワンポイントアドバイス

「飲料水の配管設備とその他の配管設備とは、直接連結させないこと」とは、クロスコネクションの禁止ということじゃ。

・給水タンク等の内部の保守点検ができる位置に、直径60cm以上のマンホールを設けること。
・圧力タンク等を除き、ほこりその他が入らない構造のオーバーフロー管を設けること。
・浸水によりオーバーフロー管から水が逆流するおそれのある場所に給水タンク等を設置する場合にあっては、浸水を容易に覚知することができるよう浸水を検知し警報する装置の設置その他の措置を講じること。
・圧力タンク等を除き、ほこりその他が入らない構造の通気装置を設けること。ただし、2m^{3}未満のものについては、この限りでない。
・給水タンク等の上にポンプ等の機器を設ける場合は、飲料水を汚染することのないように必要な措置を講ずること。

ここが頻出だ！

- 給水タンクに設けるマンホールは、直径 60cm 以上の円が内接することができるものとする。

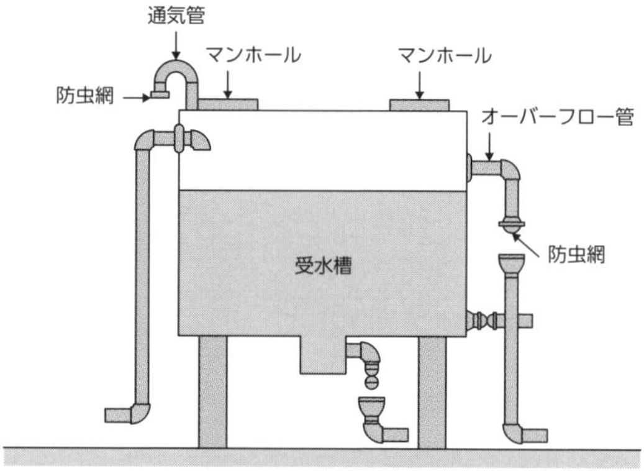

給水タンクの構造例

重要ポイントを覚えよう！

1 □ 主任技術者は、道路下の配管工事について、通行者及び通行車両の安全確保の他、水道管以外のガス管、電力線及び電話線等の保安についても配慮を求められる。

2 □ 給水装置工事主任技術者は、自らまたはその責任のもと信頼できる現場の従事者に指示することにより、適正な竣工検査を確実に実施しなければならない。

3 □ 給水装置工事主任技術者は、当該給水装置工事の施主から、工事に使用する給水管や給水用具を指示される場合、それらが給水装置の構造及び材質の基準に適合しないものであれば、使用できない理由を明確にして施主に説明しなければならない。

4 □ 指定給水装置工事事業者は、事業所ごとに主任技術者を選任するが、その職務を行うにあたって特に支障がなければ、同一の主任技術者を複数の事業所で選任してもよい。

5 □ 給水装置工事主任技術者が、水道法に違反したときは、厚生労働大臣は主任技術者の免状の返納を命ずることができる。

6 □ 指定給水装置工事事業者は、給水装置工事の施主の氏名または名称、施行場所、竣工図、品質管理の項目とその結果等についての記録を作成しなければならない。

7 □ 給水装置工事の記録の作成は、指名された給水装置工事主任技術者が行うことになるが、給水装置工事主任技術者の指導・監督のもとで他の従業員が行ってもよい。

8 □ 給水装置工事の記録については、特に様式が定められているものではない。電子記録を活用するなど、事務の遂行に最も都合がよい方法で記録を作成して保存すればよい。

9 □ 厚生労働省では、給水装置用材料が使用可能か否かの判断のため、製品ごとの基準省令に定められている性能基準への適合性に関する情報を、全国的に利用できる給水装置データベースとして構築し提供している。

10 □ 自己認証は、給水管、給水用具の製造業者等が自らまたは製品試験機関などに委託して得たデータや作成した資料等に基づいて、性能基準適合品であることを証明するものである。

11 □ 第三者認証とは、中立的な第三者機関が製品試験や工場検査等を行い、基準に適合しているものについては基準適合品として登録して認証製品であることを示すマークの表示を認める方法である。

12 □ 日本産業規格 (JIS)、製造者などの団体の規格、海外認証機関の規格等の製品規格のうち、その性能基準項目の全部に係る性能条件が給水装置の構造及び材質の基準に関する省令の性能基準と同等以上の製品規格である場合、その規格により製造された製品については、構造・材質基準に適合しているものと判断して使用することができる。

13 □ 建設業の許可は、5 年ごとにその更新を受けなければ、その期間の経過によって、その効力を失う。

14 □ 公共性のある施設または工作物に関する建設工事で、政令で定めるものを発注者から直接請け負おうとする建設業者は、経営事項審査を受けなければならない。

15 □ 給水装置工事主任技術者免状の交付を受けた後、管工事に関し1年以上の実務経験を有する者は、管工事業の経営事項審査における技術的能力の評価の対象である。

16 □ 給水装置工事主任技術者免状の交付を受けたのち、管工事に関し実務経験を 1 年以上有する給水装置工事主任技術者は、管工事業における営業所の専任技術者になることができる。

17 □ 作業主任者の主な職務は、作業の方法を決定し作業を直接指揮すること、器具及び工具を点検し不良品を取り除くこと、保護帽及び安全靴等の使用状況を監視することである。

18 □ 掘削面の高さが 2m 以上となる地山の掘削（ずい道及びたて坑以外の坑の掘削を除く。）作業については、地山の掘削作業主任者を選任しなければならない。

19 □ 事業者は、爆発、酸化等を防止するため換気することができない場合又は作業の性質上換気することが著しく困難な場合を除き、酸素欠乏危険作業を行う場所の空気中の酸素濃度を 18%以上に保つように換気しなければならない。

20 □ 事業者は、酸素欠乏危険作業を行う場所において酸素欠乏のおそれが生じたときは、直ちに作業を中止し、労働者をその場所から退避させなければならない。

21 □ 給水立て主管からの各階への主要な分岐管には、分岐点に近接した部分で、かつ、操作が容易な部分に止水弁を設ける。

22 □ 建築物の内部に設ける給水タンクは、外部から天井、底または周壁の保守点検を容易かつ安全に行うことができるようにする。

23 □ 給水タンクに設けるマンホールは、直径 60cm 以上の円が内接することができるものとする。

24 □ 浸水によりオーバーフロー管から水が逆流するおそれのある場所の給水タンクには、浸水を検知し警報する装置の設置その他を講じる。

こんな選択肢に注意！

工事事業者は、選任した主任技術者が欠けるに至った場合、新たな主任技術者を選任しなければならないが、~~その選任の期限は特に定められていない~~。

工事事業者は、選任した主任技術者が欠けるに至った場合、新たな主任技術者を選任しなければならないが、2 週間以内に選任しなければならない。

指定給水装置工事事業者は、施行した給水装置工事に係る記録を作成し、5 年間保存しなければならない。

指定給水装置工事事業者は、施行した給水装置工事に係る記録を作成し、3 年間保存しなければならない。

基準省令に定められている性能基準は、給水管及び給水用具ごとにその性能と使用場所に応じて適用される。例えば、給水管は耐圧性能と浸出性能が必要であり、飲用に用いる給水栓は、耐圧性能、浸出性能及び~~逆流防止~~性能が必要となる。

基準省令に定められている性能基準は、給水管及び給水用具ごとにその性能と使用場所に応じて適用される。例えば、給水管は耐圧性能と浸出性能が必要であり、飲用に用いる給水栓は、耐圧性能、浸出性能及び水撃限界性能が必要となる。

給水装置工事主任技術者免状の交付を受けたのち、管工事に関し実務経験を~~6か月~~以上有する給水装置工事主任技術者は、管工事業における営業所の専任技術者になることができる。

給水装置工事主任技術者免状の交付を受けたのち、管工事に関し実務経験を1年以上有する給水装置工事主任技術者は、管工事業における営業所の専任技術者になることができる。

圧力タンク等を除き有効容量が $2m^3$ 未満の給水タンクには、~~オーバーフロー管~~を設ける必要がない。

圧力タンク等を除き有効容量が $2m^3$ 未満の給水タンクには、ほこりその他が入らない構造の通気装置を設ける必要がない。

第4章

給水装置計画論

第4章　給水装置計画論

出題のポイント

給水装置計画論の分野からは毎年6問出題される。給水装置計画論の内容は、給水方式、受水槽式給水方式、直結式給水方式、計画使用水量、給水装置工事の図面作成、受水槽の容量の算定、同時使用水量の算定、水理計算等に関する事項が出題される。

1｜給水方式

給水方式には、直結式、受水槽式及び直結・受水槽併用式が存在しており、給水する高さ、所要水量、使用用途及び維持管理面を考慮して給水方式を決定する。所要水量は計画使用水量より求める。計画使用水量とは、給水管口径などの給水装置系統の主要諸元を計画する際の基礎となるものであり、建物の用途及び水の使用用途、使用人数、給水栓の数等を考慮した上で決定する。また、水道事業者ごとに、水圧状況、配水管整備状況等により給水方式の取扱いが異なるため、給水方式の決定に当たっては、設計に先立ち、水道事業者に確認する必要がある。

1．受水槽式給水方式

受水槽式給水方式は、配水管から分岐し受水槽に受け、この受水槽から給水する方式であり、受水槽入口で配水系統と縁が切れる。受水槽式給水には、ポンプ直送式、高置水槽式、圧力水槽式がある。

2．直結式給水方式

直結式給水方式には、配水管の水圧で直結給水する方式（直結直圧式）と、給水管の途中に直結加圧形ポンプユニットを設置して給水する方式（直結増圧式）がある。

3．直結・受水槽併用式給水方式

直結・受水槽併用式給水方式は、1つの建築物内で直結式、受水槽式の両方の給水方式を併用するものである。

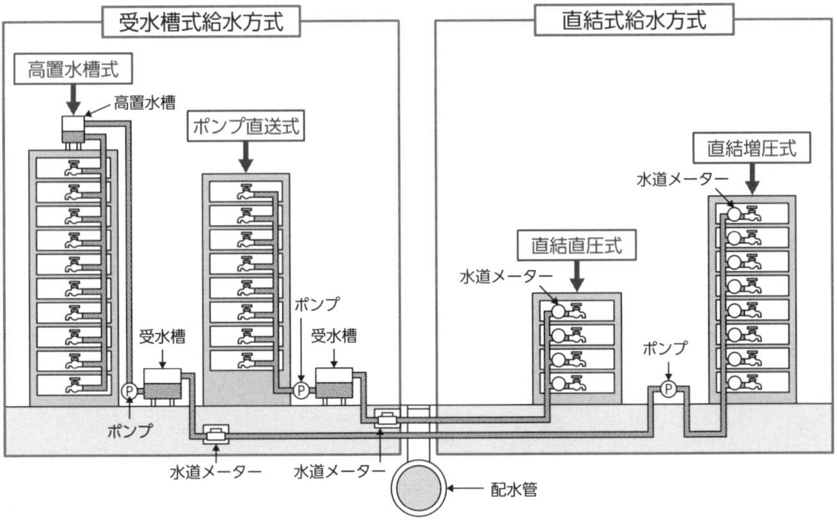

受水槽式と直結式

水道博士のワンポイントアドバイス

ポンプ直送式は、直結式ではなく、受水槽式である。直結とは、配水管と直結していること。直送とは、給水末端に直送しているということじゃ。

2 | 受水槽式給水方式

1．受水槽式給水方式の計画

受水槽式給水方式は、水道水をいったん受水槽で受け給水する方式で、配水管の水圧が変動しても受水槽以降では給水圧、給水量を一定の変動幅に保持できるなどの長所があるので、一時に多量の水を使用するとき、または、使用水量の変動が大きいとき等に配水管の水圧低下を引き起こすおそれがある場合は、受水槽式給水方式を採用する。
　また、受水槽式給水方式は、配水管から分岐し受水槽に受け、この受水槽から給水する方式であり、受水槽入口で配水系統と縁が切れるので、有毒薬品を使用する工場等、事業活動に伴い、水を汚染するおそれのある場所に給水する場合は受水槽式給水方式を採用する。

2．受水槽容量と配水管の口径

　受水槽への給水量は、受水槽の容量と使用水量の時間的変化を考慮して定め、受水槽容量は、計画１日使用水量の 4/10 ～ 6/10 程度を標準にして定める。
　配水管の口径に比べ単位時間当たりの受水量が大きい場合には、配水管の水圧が低下し、付近の給水に支障を及ぼすことがある。このような場合には、定流量弁など受水量を調整するバルブを設けたり、タイムスイッチ付電動弁を取り付け、水圧が高い時間帯に限って受水したりする。

3．配水管の水圧が高い場合

　配水管の水圧が高いときは、受水槽への流入時に給水管を流れる流量が過大となって、水道メーターの性能や耐久性に支障を与えることがある。このような場合には、減圧弁などを設置する必要がある。

4．高置水槽式

　高置水槽式は、受水槽に受水したのち、ポンプで高置水槽へ汲み上げ、自然流下により給水する方式である。1つの高置水槽から適当な水圧で給水できる高さの範囲は、10 階程度なので、高層建物では高置水槽や減圧弁をその高さに応じて多段に設置する必要がある。

5．ポンプ直送式

　ポンプ直送式は、受水槽に受水したのち、使用水量に応じてポンプの運転台数の変更や回転数制御によって給水する方式である。

ここが頻出だ！

● ポンプ直送式は、受水槽に受水したのち、使用水量に応じてポンプの運転台数の変更や回転数制御によって給水する方式である。

6．圧力水槽式

圧力水槽式は、受水槽に受水したのち、ポンプで圧力水槽に貯え、その内部圧力によって給水する方式である。

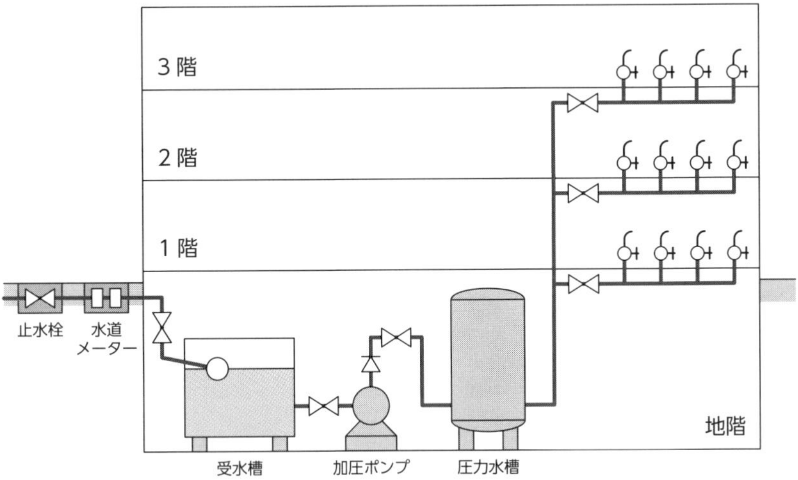

圧力水槽式

3｜直結式給水方式

1．直結式給水方式の計画

直結式給水方式は、配水管から需要者の設置した給水装置の末端まで有圧で直接給水する方式で、水質管理がなされた安全な水を需要者に直接供給することができる。

直結式給水方式は、当該水道事業者の直結給水システムの基準等に従い、同時使用水量の算定、給水管の口径の決定、ポンプ揚程の決定等を行い計画する。特に、既設建物の給水設備を受水槽式給水方式から直結式給水方式に切り替える場合にあっては、当該水道事業者の直結給水システムの基準等を確認する。

また、直結増圧式給水を行うにあたっては、特に、同時使用水量を適正に設定することが、適切な配管口径の決定及び直結加圧形ポンプユニットの適正容量の決定に不可欠である。

2．直結直圧式

直結直圧式は、配水管の動水圧により直接給水する方式であり、給水サービスの向上を図るため、各水道事業者において、現状における配水管の水圧等の供給能力及び配水管の整備計画と整合させ、逐次その対象範囲の拡大を図っており、5階を超える建物をその対象としている水道事業者もある。

3．直結増圧式

直結増圧式は、給水管に直結加圧形ポンプユニットを設置し、水圧の不足分を加圧して高位置まで直結給水するものである。直結増圧式による各戸への給水方法には、給水栓まで直接給水する直送式と、既設改造の場合等でポンプより高所に置かれた高置水槽に給水し、そこから給水栓まで自然流下させる高置水槽式がある。

直結増圧式は、配水管が断水したときに給水装置からの逆圧が大きいことから直結加圧形ポンプユニットに近接して有効な逆止弁を設置する。また、給水装置には、給水装置内が負圧になっても給水装置から水を受ける容器などに吐出した水が給水装置内に逆流しないよう、逆流防止措置が義務付けられている。直結加圧形ポンプユニットに近接して設置する逆流防止器の形式は、当該水道事業者の直結給水システムの基準等により設ける。

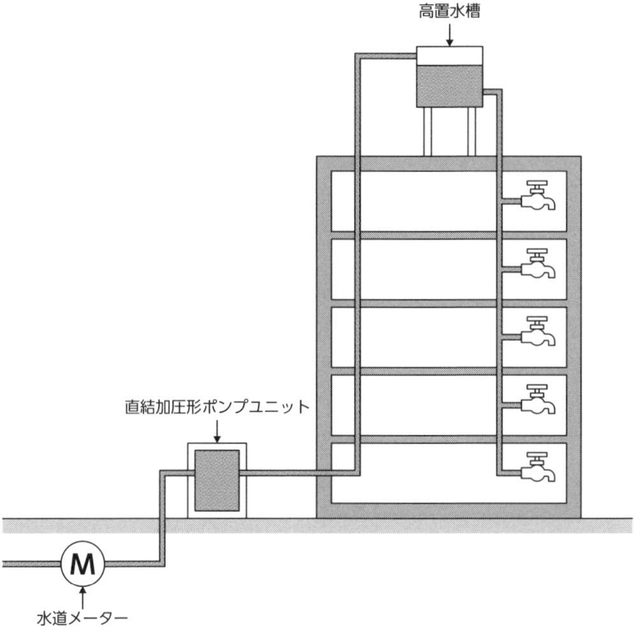

直結増圧高置水槽式

水道博士のワンポイントアドバイス

直結増圧高置水槽式には、高置水槽はあるが、受水槽はないぞ。

4 | 給水装置工事の図面作成

給水装置工事の計画、施行に際しては平面図を、また、必要に応じて立面図や詳細図を作成する。平面図は、縮尺 1/100 ～ 1/500 の範囲で作成する。作図にあたっては必ず方位を記入し、北の方向を上にすることを原則とする。また、受水槽式給水の場合の図面は、直結給水部分と受水槽以下に分けて作成する。

5｜受水槽の容量の算定

受水槽容量は、計画１日使用水量の 4/10 ～ 6/10 程度を標準にして定める。計画１日使用水量は、１人１日当たりの使用水量に使用人員を乗じて算定する。

$$\text{受水槽の容量}\,[m^3] = \text{計画1日使用水量}\,[m^3] \times (0.4 \sim 0.6)$$

$$\text{計画1日使用水量}\,[m^3] = \frac{\text{1人1日当たりの使用水量}\,[L] \times \text{使用人数}}{1000}$$

水道博士のワンポイントアドバイス

受水槽の容量は計算問題として出題される。計算問題は例題で確認しよう。

例 題

受水槽式による総戸数 90 戸（2LDK 40 戸、3LDK 50 戸）の集合住宅１棟の標準的な受水槽容量の範囲として、適当な数値はいくらか。

ただし、2LDK １戸当たりの居住人員は３人、3LDK １戸当たりの居住人員は４人とし､１人１日当たりの使用水量は 250L とする。

解 答

$$\text{使用人員} = 40 \times 3 + 50 \times 4 = 120 + 200 = 320\ [\text{人}]$$

$$\text{計画1日使用水量} = \frac{250 \times 320}{1000} = 80\ [m^3]$$

$$\text{受水槽の容量} = 80 \times (0.4 \sim 0.6) = 32 \sim 48\ [m^3]$$

例題

受水槽式給水による従業員数220人（男子140人、女子80人）の事務所における標準的な受水槽容量の範囲として、適当な数値はいくらか。

ただし、1人1日当たりの使用水量は、男子50L/人、女子100L/人とする。

解答

$$\text{計画1日使用水量} = \frac{50 \times 140 + 100 \times 80}{1000} = \frac{7000 + 8000}{1000} = 15\ [\mathrm{m^3}]$$

$$\text{受水槽の容量} = 15 \times (0.4 \sim 0.6) = 6 \sim 9\ [\mathrm{m^3}]$$

6｜同時使用水量の算定

同時使用水量とは、複数の給水用具が同時に使用された時の使用水量で、給水系統の瞬時の最大使用水量に相当する。同時使用水量の算定方法には、同時使用水量比を用いた方法と同時使用水量の線図を用いた方法がある。

1. 同時使用水量比による集合住宅における同時使用水量の算定

集合住宅の同時使用水量は、次式で算定される。

$$\text{集合住宅の同時使用水量 [L/分]} = \text{1戸当たりの同時使用水量 [L/分]} \times \text{総戸数} \times \text{同時使用戸数率}$$

1戸当たりの同時使用水量は、次式で算定される。

$$\text{1戸当たりの同時使用水量 [L/分]} = \frac{\text{給水用具の使用水量の合計}}{\text{給水用具数}} \times \text{同時使用水量比}$$

同時使用水量比、同時使用戸数率は、次のように定義されるが、通常、表により求める。

同時使用水量比：給水用具数に対して設定される同時使用される給水用具数

$$\text{同時使用戸数率}\,[\%] = \frac{\text{同時使用される戸数}}{\text{総戸数}} \times 100$$

末端給水用具数と同時使用水量比

総末端給水用具数	1	2	3	4	5	6	7	8	9	10	15	20	30
同時使用水量比	1.0	1.4	1.7	2.0	2.2	2.4	2.6	2.8	2.9	3.0	3.5	4.0	5.0

給水戸数と同時使用戸数率

戸数	1～3	4～10	11～20	21～30	31～40	41～60	61～80	81～100
同時使用戸数率(%)	100	90	80	70	65	60	55	50

2．同時使用水量の線図による事務所ビルの同時使用水量の算定

事務所ビルの同時使用水量は、給水用具給水負荷単位数より、次ページの図の「給水用具給水負荷単位による同時使用水量」の線図を用いて算定される。給水用具給水負荷単位数とは、給水用具給水負荷単位の合計をいう。また、給水負荷単位とは、給水用具の種類による使用頻度、使用時間及び多数の給水用具の同時使用を考慮した負荷率を見込んで、給水流量を単位化したものである。

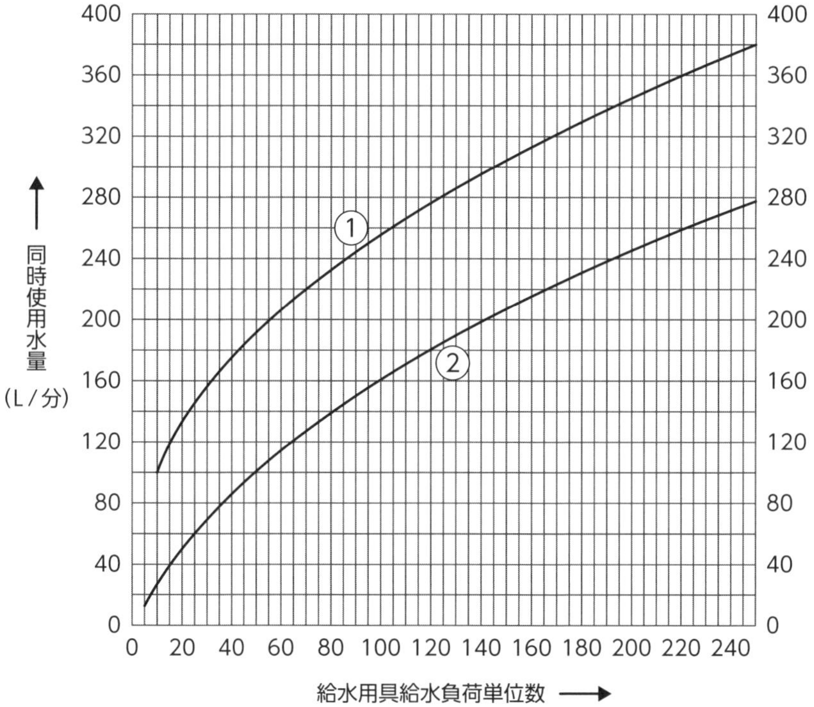

（注）この図の曲線①は大便器洗浄弁の多い場合、曲線②は大便器洗浄タンク（ロータンク方式大便器等）の多い場合に用いる。

給水用具給水負荷単位による同時使用水量

水道博士のワンポイントアドバイス

同時使用水量の算定は計算問題として出題される。計算問題は例題で確認しよう。

例題

直結式給水による10戸の集合住宅での同時使用水量として、次のうち、**適当なものはどれか**。

ただし、同時使用水量は、標準化した同時使用水量により計算する方法によるものとし、1戸当たりの末端給水用具の個数と使用水量、同時使用率を考慮した末端給水用具数、並びに集合住宅の給水戸数と同時使用戸数率は、それぞれ**表−1**から**表−3**のとおりとする。

(1) 200 L/分
(2) 250 L/分
(3) 300 L/分
(4) 350 L/分

表−1　1戸当たりの給水用具の個数と使用水量

給水用具	個数	使用水量（L/分）
台所流し	1	12
洗濯流し	1	12
浴槽（和式）	1	20
大便器（洗浄タンク）	1	12

表−2　末端給水用具数と同時使用水量比

総末端給水用具数	1	2	3	4	5	6	7	8	9	10	15	20	30
同時使用水量比	1.0	1.4	1.7	2.0	2.2	2.4	2.6	2.8	2.9	3.0	3.5	4.0	5.0

表−3　給水戸数と同時使用戸数率

戸数	1～3	4～10	11～20	21～30	31～40	41～60	61～80	81～100
同時使用戸数率(%)	100	90	80	70	65	60	55	50

解説

同時使用水量比は、**表－2**より総末端給水用具数が4の場合は、2.0となるので、1戸当たりの同時使用水量は、次式のとおり算定される。

1戸当たりの同時使用水量［L/分］$= \dfrac{12 + 12 + 20 + 12}{4} \times 2.0 = 28$

同時使用戸数率は、**表－3**より戸数が10戸の場合は4～10の90%となるので、集合住宅の同時使用水量は、次式で算定される。

集合住宅の同時使用水量［L/分］$= 28 \times 10 \times 0.9 = 252$

解答

(2) 250 L/分

例題

図－1に示す事務所ビル全体の同時使用水量を給水用具給水負荷単位により算定した場合、次のうち、**適当なものはどれか**。

ここで、4つの事務所には、それぞれ大便器（洗浄タンク）、小便器（洗浄タンク）、洗面器、事務室用流し、掃除用流しが1栓ずつ設置されているものとし、各給水用具の給水負荷単位及び同時使用水量との関係は、次ページの**表－1**及び**図－2**を用いるものとする。

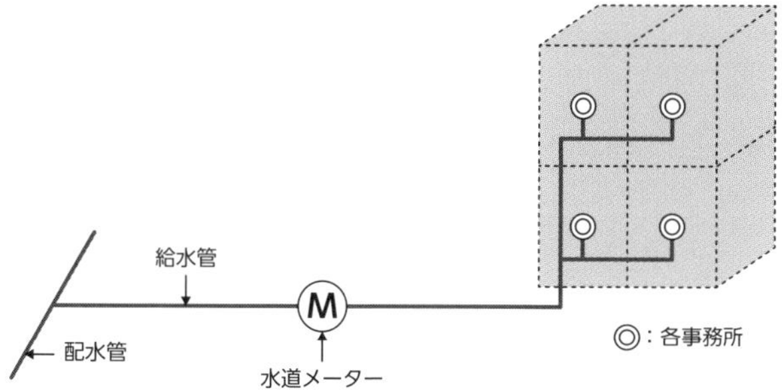

図－1

(1) 40 L/ 分
(2) 68 L/ 分
(3) 125 L/ 分
(4) 220 L/ 分

表－１　給水用具給水負荷単位

給水用具名	水栓	給水用具給水負荷単位
		公衆用
大便器	洗浄タンク	5
小便器	洗浄タンク	3
洗面器	給水栓	2
事務室用流し	給水栓	3
掃除用流し	給水栓	4

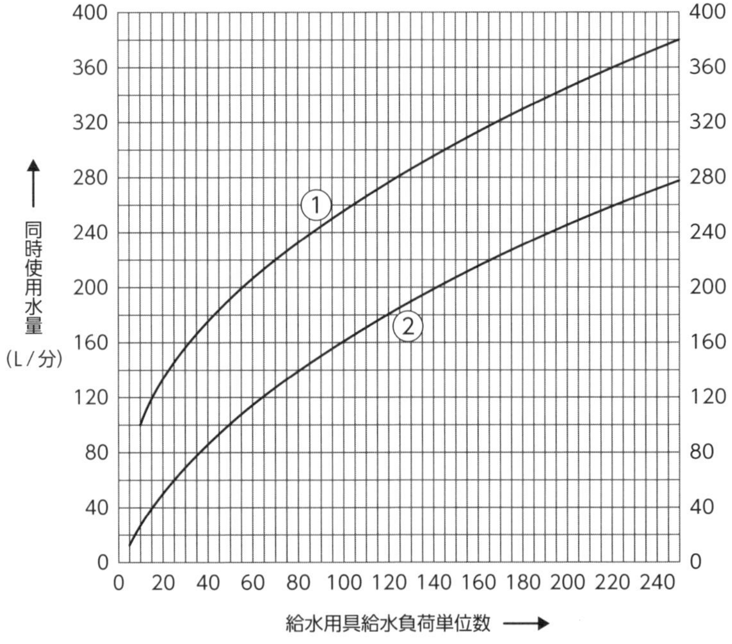

（注）この図の曲線①は大便器洗浄弁の多い場合、曲線②は大便器洗浄タンク（ロータンク方式大便器等）の多い場合に用いる。

図－２　給水用具給水負荷単位による同時使用水量

解説

1事務所当たり**表－1**に示される給水用具が1つずつ設置されているので、給水用具給水負荷単位数は、次式で算定される。

給水用具負荷単位数
＝（5×1＋3×1＋2×1＋3×1＋4×1）×4
＝（5＋3＋2＋3＋4）×4＝17×4＝68

表－1より大便器は洗浄タンク方式なので、下図の②の線図を用いて、給水用具給水負荷単位数68のときの同時使用水量を算定すると、約125L/分と読み取れる。

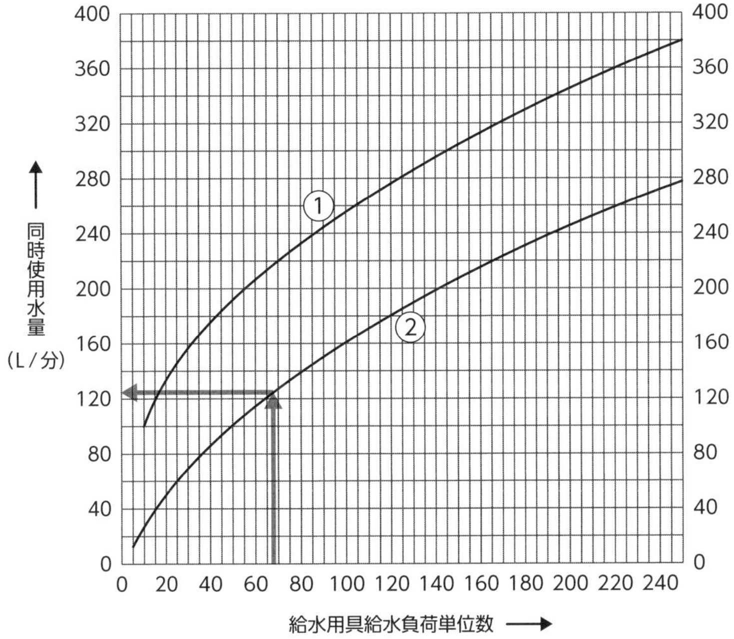

解答

(3) 125 L/分

7｜水理計算

水理計算とは、水に関して、理論上、導き出される物理的な数値を計算することをいい、具体的には、給水の水量、水圧などの条件から、適切な給水管の長さや太さ（口径）、ポンプの能力等を算出することをいう。水理計算に必要な主な知識は、次のとおりである。

1．基本的事項

■流速

流速とは、給水管内を流れる水の速さをいう。速さとは、単位時間当たりの移動距離をいい、単位は［m/ 秒］（メートル毎秒）等で表される。

■流量

流量とは、給水管内を流れる水の量をいう。流量には、単位時間当たりに流れる水の体積で表される体積流量と、単位時間当たりに流れる水の質量で表される質量流量があるが、水理計算では体積流量で表される。単位には［L/ 秒］（リットル毎秒）、［m^3/ 分］（立方メートル毎分）等が用いられる。また、給水管内の給水の流量と流速には、次の関係式が成り立つ。

流量［m^3/ 秒］＝給水管の断面積［m^2］×流速［m/ 秒］

■水圧

水圧とは、水が物体や水自体に及ぼす圧力をいう。圧力は、単位面積当たりに受ける力をいう。1 m^2 の面積に 1 N（ニュートン）の力を受けているときの圧力を、1 Pa（パスカル）と表す。

■水頭

地上にある静水（静止している水）中の水圧は、重力の影響により、圧力を受ける部分から水面までの水の高さに比例して高くなる。水頭とは、水圧を、この水の高さで表したもので、単位は［m］（メートル）等で表される。

水道博士のワンポイントアドバイス

水頭とは、その水圧が、水深何メートルに相当する圧力かを表したものじゃ。したがって、水頭の単位のメートルは、圧力を表す単位じゃよ。

■単位の接頭辞

単位記号の前につける倍数記号を接頭辞という。水理計算で使用する主な接頭辞は、次のとおりである。

接頭辞	倍数
m（ミリ）	10^{-3}
c（センチ）	10^{-2}
k（キロ）	10^{3}
M（メガ）	10^{6}

水道博士のワンポイントアドバイス

1MPa とは、1メガパスカルと読み、10^{6}Pa、すなわち 1,000,000Pa じゃ。

2．動水勾配線図

動水勾配線とは、次ページの図のように、縦軸に動水（流れている水）の水頭を、横軸に水平方向の位置を示した図において、示される線をいう。動水勾配線の勾配（傾き）を動水勾配という。

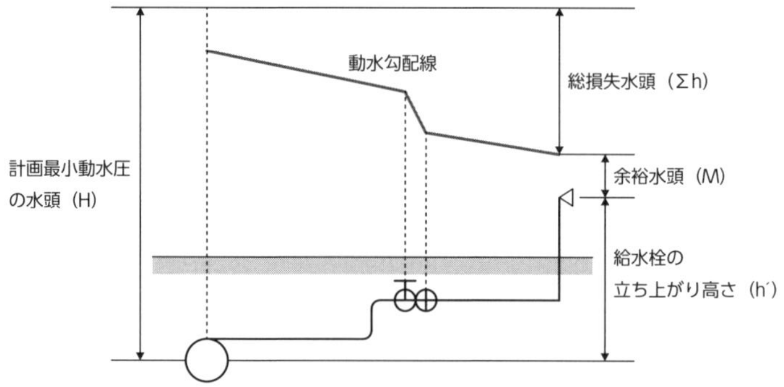

動水勾配線図

動水勾配線図で示される諸元の間には、次式が成り立つ。

$H = h' + \Sigma h + M$　[m]
$H > h' + \Sigma h$　[m]

H：計画最小動水圧の水頭［m］
h′：給水栓の立ち上がり高さ［m］
Σh：総損失水頭［m］
M：余裕水頭［m］

■計画最小動水圧

動水圧とは、流れている状態の水における水圧をいい、計画最小動水圧とは、配水管において計画されている最小の動水圧をいう。

■給水栓の立ち上がり高さ

給水栓の立ち上がり高さとは、配水管と給水管の高低差をいう。

■総損失水頭

総損失水頭とは、給水管、給水用具、水道メーター等の損失水頭の総和をいう。損失水頭とは、水が配管や弁、栓、水道メーター等を通過する際に、摩擦等により失う水頭をいう。

■余裕水頭

余裕水頭とは、計画最小動水圧から、総損失水頭による損失と、給水栓の立ち上がり高さによる損失を差し引いてもなお、給水末端において残存する水頭のことをいう。余裕水頭とはすなわち、給水栓における水頭のことである。

3．動水勾配

動水勾配とは、配管の単位長さ当たりの摩擦損失水頭を千分率で示したもので、次式で表される。

$$\text{動水勾配} = \frac{\text{配管の摩擦損失水頭［m］}}{\text{配管の長さ［m］}} \times 1000 \quad [‰]$$

摩擦損失水頭とは、水が通過する際に摩擦により失う水頭をいう。また、動水勾配の単位は［‰］（パーミル）といい、千分率を表す。動水勾配は、次式のように、配管の長さから、配管の摩擦損失水頭を求めるのに用いられる。

$$\text{配管の摩擦損失水頭} = \text{配管の長さ［m］} \times \frac{\text{動水勾配［‰］}}{1000} \quad [m]$$

水道博士のワンポイントアドバイス

摩擦損失水頭のメートルは圧力を表す単位、配管の長さのメートルは長さを表す単位じゃ。同じメートルでも、表しているものが違うぞ。

4．直管換算長

直管換算長とは、弁、栓、水道メーター等の配管以外の給水用具類の損失水頭を、相当する配管の長さ［m］（メートル）に換算したものをいう。すなわち、直管換算長とは、給水用具の損失水頭が、配管の長さ何メートルに相当する損失なのかを示したものである。

水道博士のワンポイントアドバイス

直管換算長のメートルは長さを表す単位じゃ。水理計算では、給水用具の直管換算長は、配管の長さに換算して計算するのじゃ。

5．口径の決定

配管の摩擦損失は、ダルシーワイスバッハの式により、次のように表される。

$$\Delta h = \lambda \times \frac{L}{d} \times \frac{v^2}{2g} \quad [m]$$

Δh：配管の摩擦損失水頭［m］
λ：摩擦損失係数
L：配管の長さ［m］
d：配管の口径［m］
v：流速［m/s］
g：重力加速度［m/s^2］

したがって、配管の摩擦損失は、配管の長さに比例し、配管の口径に反比例する。すなわち、給水管の口径を小さくすると、配管の摩擦損失が増加するので、給水管の口径は、給水用具の立ち上がり高さと計画使用水量に対する総損失水頭を加算したものが、給水管を取り出す配水管の計画最小動水圧の水頭以下となるよう計算によって定め、各水道事業者の定める配水管の水圧において、計画使用水量を十分に供給できるもので、かつ経済性も考慮した合理的な大きさに決定する。

水道博士のワンポイントアドバイス

細くて長い管は、摩擦損失水頭が大きくなる。わしのように年を取ると、細長い恋人ストローだと、摩擦損失が大きくてフラペチーノが吸いにくいのじゃ。

6．ウェストン公式の流量図

ウェストン公式の流量図とは、下図のように、縦軸に流量［L/秒］、横軸に動水勾配［‰］、斜軸に口径（D）［mm］をとり、配管における流量［L/秒］、動水勾配［‰］、口径［mm］の3つの条件の関係を示した線図をいう。ウェストン公式の流量図により、流量、動水勾配、口径の3つの条件のうちいずれかの2つの条件が決まれば、線図上の位置が確定し、残りの条件を決定することができる。

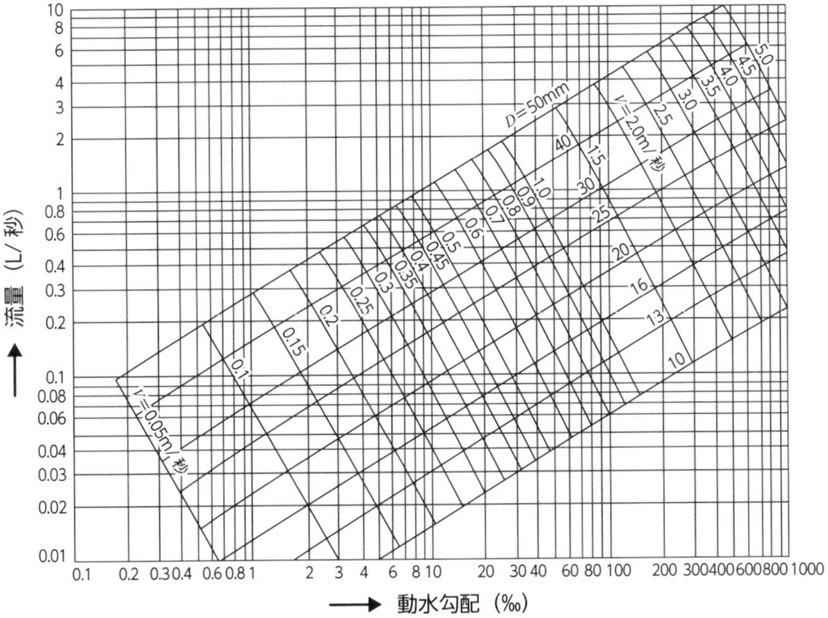

■ウェストン公式の流量図の使用例

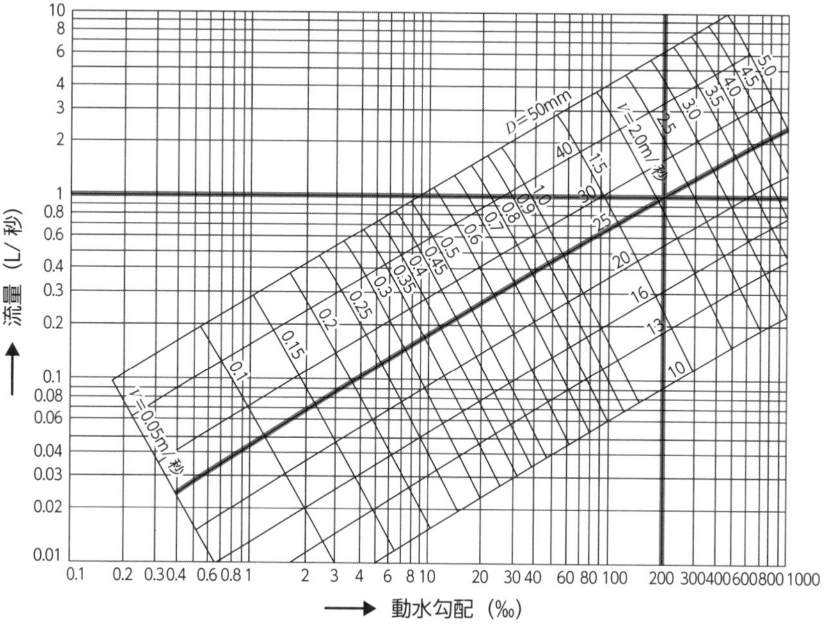

●流量 1L/秒、動水勾配 200‰のときの口径は、25mm に相当する。

●流量 1L/秒、口径 25mm のときの動水勾配は、200‰に相当する。

●口径 25mm、動水勾配 200‰のときの流量は、1L/秒に相当する。

水道博士のワンポイントアドバイス

口径を選定する際に、口径を表す線と線の間に流量と動水勾配の交点がくる場合、例えば、口径 20mm の線と口径 25mm の線の間に流量と動水勾配の交点がくる場合は、数値の大きいほう、すなわち太いほうの口径 25mm の配管を選定するのじゃ。

7．給水用具類の損失水頭

止水栓、水道メーター、給水栓等の給水用具の損失水頭は、以下に示す線図により求める。

配水管から給水管を分岐するために設ける分水栓や、止水栓、給水栓の水栓類の損失水頭は、下図の線図により、口径ごとに、計画される流量における損失水頭を求める。

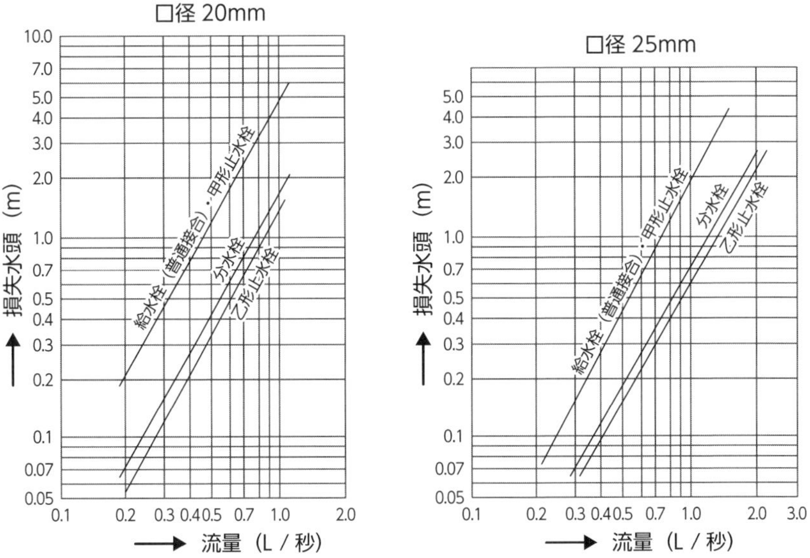

水栓類の損失水頭

水道メーターの損失水頭は、下図の線図により、口径（呼び径）ごとに、計画される流量における損失水頭を求める。

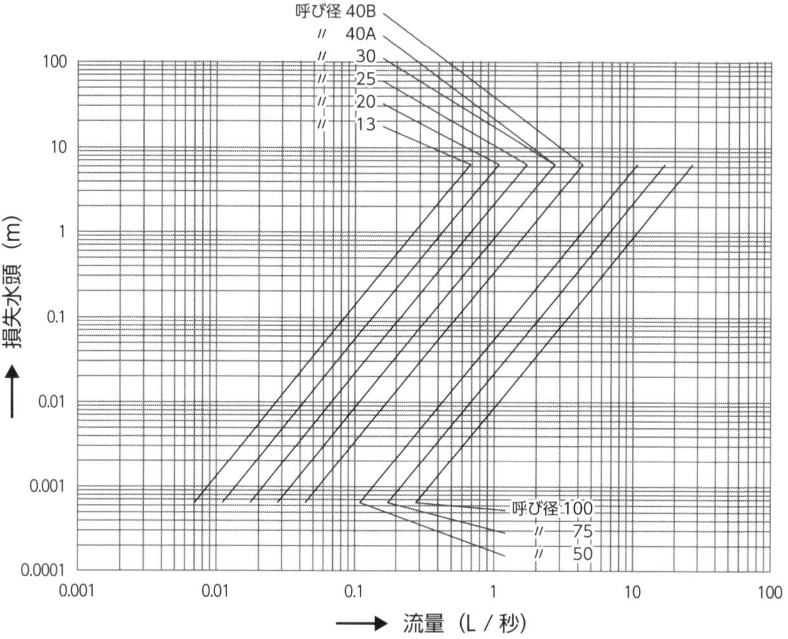

水道メーターの損失水頭

水道博士のワンポイントアドバイス

給水用具の損失水頭の算定方法には、直管換算長によるものと、線図から読み取る方法がある。直管換算長のメートルは長さの単位じゃが、線図から読んだ損失水頭のメートルは圧力の単位じゃよ。混同しないように注意が必要じゃ。

■線図の使用例

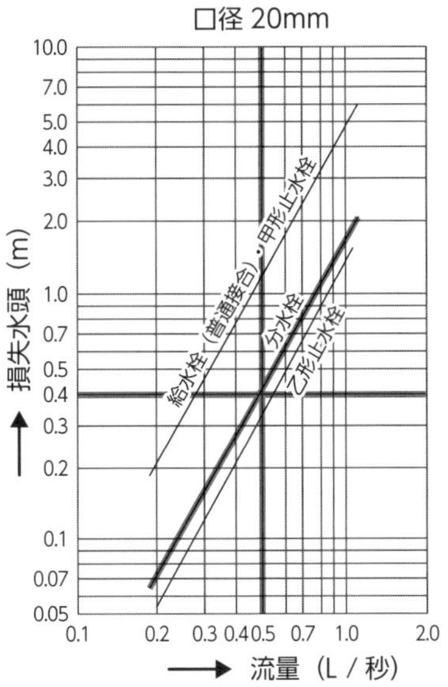

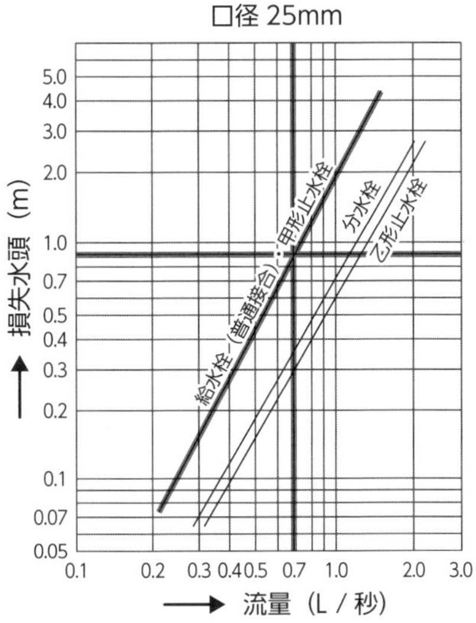

- ●口径 20mm の分水栓の流量 0.5L/ 秒のときの損失水頭は、0.4m に相当する。
- ●口径 25mm の給水栓の流量 0.7L/ 秒のときの損失水頭は、0.9m に相当する。

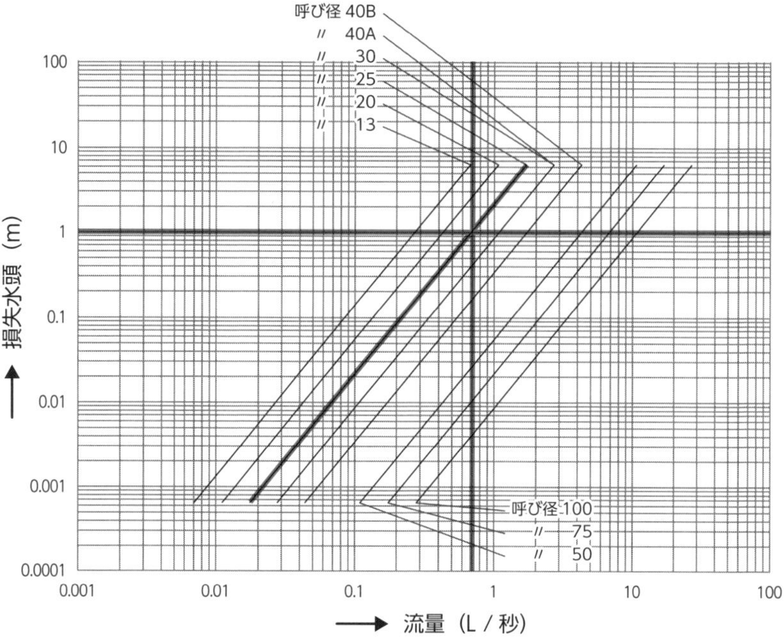

●口径25mmの水道メーターの流量0.7L/秒のときの損失水頭は、1.0mに相当する。

水道博士のワンポイントアドバイス

線図では細かい値を読み取ることはできんので、大まかな数字を読み取ればよい。また、定規は試験会場に持ち込み可能なので、線図に定規をあてると数値が読みやすい。特に、わしのような老眼の者には必需品じゃ。

8．余裕水頭の計算

例題

図－１に示す給水装置におけるＢ点の余裕水頭として、次のうち、**適当なものはどれか**。

ただし、計算に当たってＡ～Ｂの給水管の摩擦損失水頭、分水栓、甲形止水栓、水道メーター及び給水栓の損失水頭は考慮するが、曲がりによる損失水頭は考慮しないものとする。また、損失水頭等は、**図－２～図－４**を使用して求めるものとし、計算に用いる数値条件は次のとおりとする。

① Ａ点における配水管の水圧　水頭として 30m
② 給水管の流量　0.6L/ 秒
③ Ａ～Ｂの給水管、分水栓、甲形止水栓、水道メーター及び給水栓の口径 20mm

(1) 8m　(2) 12m　(3) 16m　(4) 20m

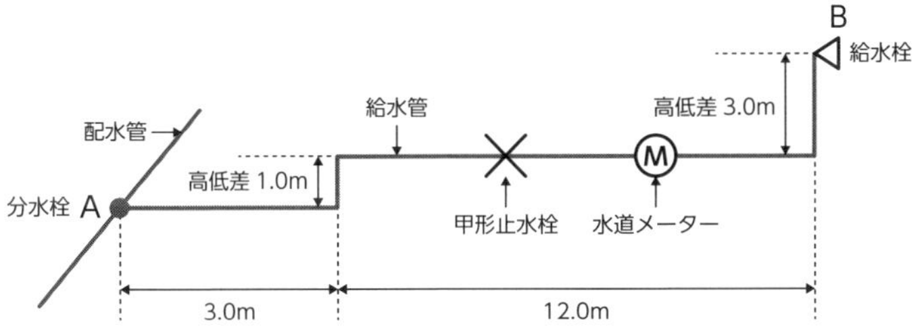

図－１　給水装置

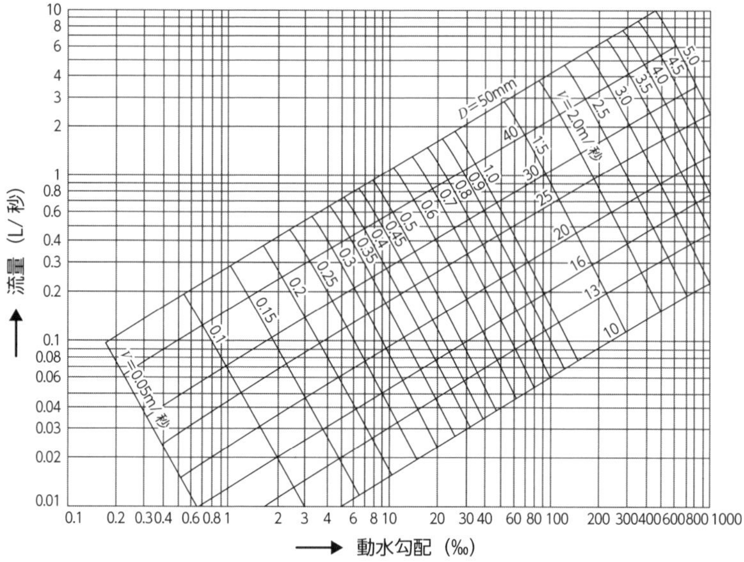

図－２　ウェストン公式による給水管の流量図

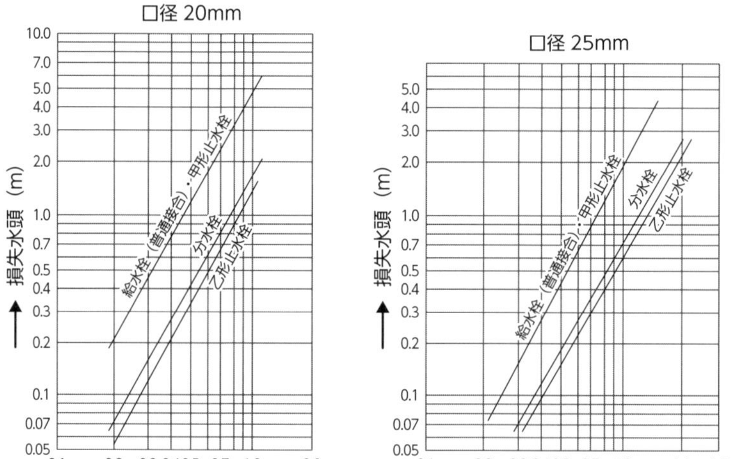

図－３　水栓類の損失水頭（給水栓、止水栓、分水栓）

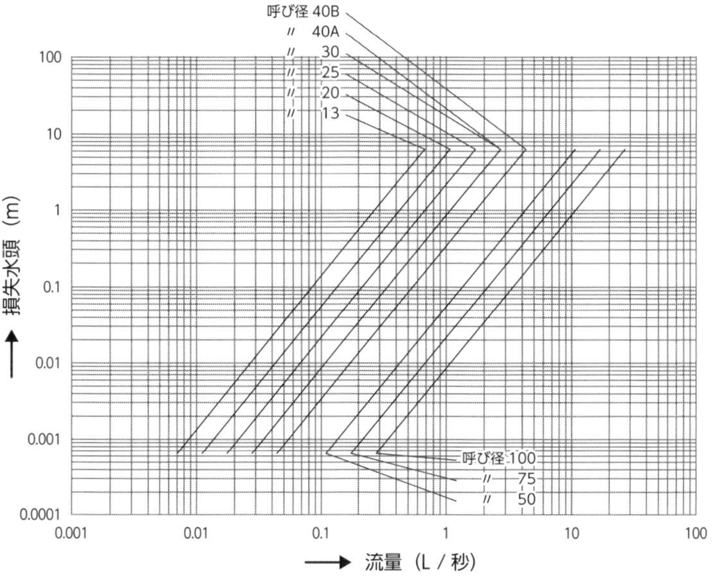

図－4　水道メーターの損失水頭

解説

図－1より、給水栓の立ち上がり高さ＝1.0＋3.0＝4.0［m］

図－1より、配管の長さ＝3.0＋1.0＋12.0＋3.0＝19.0［m］

図－2より、口径20mm、流量0.6L/秒のときの動水勾配は、対数目盛を考慮すると230‰程度に相当する。

$$\text{配管の摩擦損失水頭} = \text{配管の長さ} \times \frac{\text{動水勾配}}{1000} = 19.0 \times \frac{230}{1000} = 4.37\ [\text{m}]$$

図－3より、口径20mm、流量0.6L/秒のときの分水栓の損失水頭は、0.6mに相当する。

図－3より、口径20mm、流量0.6L/秒のときの甲形止水栓の損失水頭は、対数目盛を考慮すると1.5m程度に相当する。

図－3より、口径20mm、流量0.6L/秒のときの給水栓の損失水頭は、対数目盛を考慮すると1.5m程度に相当する。

図－4より、口径20mm、流量0.6L/秒のときの水道メーターの損失水頭は、2.0m に相当する。

総損失水頭
＝配管の摩擦損失水頭＋給水用具の損失水頭
＝ 4.37 ＋ 0.6 ＋ 1.5 ＋ 1.5 ＋ 2.0 ＝ 9.97［m］

したがって、余裕水頭は、次式で求まる。

余裕水頭
＝配水管の水圧（水頭）－総損失水頭－給水栓の立ち上がり高さ
＝ 30 － 9.97 － 4.0 ＝ 16.03［m］

最も近い数値は（3）の 16m となる。

解答

（3）16m

水道博士のワンポイントアドバイス

解説の動水勾配の値と甲形止水栓、給水栓の損失水頭の値は、目盛り線の間隔が等間隔ではない対数目盛であることを考慮して読み取っている。目盛り線の間隔が等間隔の均等目盛として読み取って計算しても、選択肢（3）にたどり着ける。いずれにしても、目分量である限り、多少の誤差は避けられない。大きく読み違わない限り、正しい選択肢にたどり着けるはずじゃ。

重要ポイントを覚えよう！

1 □ 給水方式には、直結式、受水槽式及び直結・受水槽併用式があり、その方式は給水する高さ、所要水量、使用用途及び維持管理面を考慮し決定する。

2 □ 計画使用水量は、給水管口径等の給水装置系統の主要諸元を計画する際の基礎となるものであり、建物の用途及び水の使用用途、使用人数、給水栓の数等を考慮した上で決定する。

3 □ 直結式給水は、配水管の水圧で直結給水する方式（直結直圧式）と、給水管の途中に直結加圧形ポンプユニットを設置して給水する方式（直結増圧式）がある

4 □ 有毒薬品を使用する工場等、事業活動に伴い、水を汚染するおそれのある場所に給水する場合は、受水槽式とする。

5 □ 受水槽式給水における受水槽への給水量は、受水槽の容量と使用水量の時間的変化を考慮して定める。

6 □ 配水管の水圧が高いときは、受水槽への流入時に給水管を流れる流量が過大となるため、定水位弁、減圧弁を設置することが必要である。

7 □ 高置水槽式は、受水槽に受水したのち、ポンプで高置水槽へ汲み上げ、自然流下により給水する方式である。

8 □ 1つの高置水槽から適当な水圧で給水できる高さの範囲は、10階程度なので、高層建物では高置水槽や減圧弁をその高さに応じて多段に設置する必要がある。

9 □ ポンプ直送式は、受水槽に受水したのち、使用水量に応じてポンプの運転台数の変更や回転数制御によって給水する方式である。

10 □ **直結式給水方式は、配水管から需要者の設置した給水装置の末端まで有圧で直接給水する方式で、水質管理がなされた安全な水を需要者に直接供給することができる。**

こんな選択肢に注意！

~~圧力水槽式~~は、受水槽に受水したのち、使用水量に応じてポンプの運転台数の変更や回転数制御によって給水する方式である。

ポンプ直送式は、受水槽に受水したのち、使用水量に応じてポンプの運転台数の変更や回転数制御によって給水する方式である。

直結増圧式は、配水管が断水したときに給水装置からの逆圧が大きいことから直結加圧形ポンプユニットに近接して有効な~~安全弁~~を設置する。

直結増圧式は、配水管が断水したときに給水装置からの逆圧が大きいことから直結加圧形ポンプユニットに近接して有効な逆止弁を設置する。

直結増圧式給水を行うにあたっては、~~一日当たりの計画使用水量~~を適正に設定することが、適切な配管口径の決定及び直結加圧形ポンプユニットの適正容量の決定に不可欠である。

直結増圧式給水を行うにあたっては、同時使用水量を適正に設定することが、適切な配管口径の決定及び直結加圧形ポンプユニットの適正容量の決定に不可欠である。

給水装置工事の計画、施行に際しては~~立面図~~を、また、必要に応じて~~平面図~~や詳細図を作成する。

給水装置工事の計画、施行に際しては平面図を、また、必要に応じて立面図や詳細図を作成する。

第5章

給水装置の構造及び性能

第5章　給水装置の構造及び性能

出題のポイント

給水装置の構造及び性能の分野からは毎年10問出題される。給水装置の構造及び性能の内容は、給水装置の構造及び材質の基準に関する省令より、耐圧に関する基準、浸出等に関する基準、水撃限界に関する基準、防食に関する基準、逆流防止に関する基準、耐寒に関する基準、耐久に関する基準に関する事項が出題される。

水道博士のワンポイントアドバイス

「給水装置の構造及び材質の基準に関する省令」及び、「給水管及び給水用具の性能基準の解説」の文章は、長くて、読みにくいが、ここから出題されるので全体を記載しておく。また、条文中の給水用具については、後述するよ。

1 | 耐圧に関する基準

給水装置の構造及び材質の基準に関する省令

（耐圧に関する基準）

第1条　給水装置（最終の止水機構の流出側に設置されている給水用具を除く。以下この条において同じ。）は、次に掲げる耐圧のための性能を有するものでなければならない。

一　給水装置（次号に規定する加圧装置及び当該加圧装置の下流側に設置されている給水用具並びに第三号に規定する熱交換器内における浴槽内の水等の加熱用の水路を除く。）は、厚生労働大臣が定める耐圧に関する試験（以下「耐圧性能試験」という。）により1.75MPaの静水圧を1分間加えたとき、水漏れ、変形、破損その他の異常を生じないこと。

二　加圧装置及び当該加圧装置の下流側に設置されている給水用具（次

に掲げる要件を満たす給水用具に設置されているものに限る。）は、耐圧性能試験により当該加圧装置の最大吐出圧力の静水圧を１分間加えたとき、水漏れ、変形、破損その他の異常を生じないこと。

イ　当該加圧装置を内蔵するものであること。

ロ　減圧弁が設置されているものであること。

ハ　ロの減圧弁の下流側に当該加圧装置が設置されているものであること。

ニ　当該加圧装置の下流側に設置されている給水用具についてロの減圧弁を通さない水との接続がない構造のものであること。

三　熱交換器内における浴槽内の水等の加熱用の水路（次に掲げる要件を満たすものに限る。）については、接合箇所（溶接によるものを除く。）を有せず、耐圧性能試験により1.75MPaの静水圧を１分間加えたとき、水漏れ、変形、破損その他の異常を生じないこと。

イ　当該熱交換器が給湯及び浴槽内の水等の加熱に兼用する構造のものであること。

ロ　当該熱交換器の構造として給湯用の水路と浴槽内の水等の加熱用の水路が接触するものであること。

四　パッキンを水圧で圧縮することにより水密性を確保する構造の給水用具は、第一号に掲げる性能を有するとともに、耐圧性能試験により20kPaの静水圧を１分間加えたとき、水漏れ、変形、破損その他の異常を生じないこと。

2　給水装置の接合箇所は、水圧に対する充分な耐力を確保するためにその構造及び材質に応じた適切な接合が行われているものでなければならない。

3　家屋の主配管は、配管の経路について構造物の下の通過を避けること等により漏水時の修理を容易に行うことができるようにしなければならない。

給水管及び給水用具の性能基準の解説（耐圧性能基準）

本基準は、水道の水圧により給水装置に破壊等が生じることを防止するためのものである。

1. 適用対象

耐圧性能基準の適用対象は、原則としてすべての給水管及び給水用具である。ただし、大気圧式バキュームブレーカ、シャワーヘッド等のように最終の止水機構の流出側に設置される給水用具については、最終の止水機構を閉止することにより漏水等を防止できること、高水圧が加わらないことから適用対象から除外した。

また、止水機構を有する器具であって、通常の使用状態において器具の流出側が大気に開口されているものの２次側の部分（例えば水栓のカランの部分）についても、同様の考え方で耐圧性能は求めないこととした。

１．耐圧性能基準

耐圧性能基準は、水道の水圧により給水装置に水漏れ、破壊等が生じることを防止するためのものであり、最終の止水機構の流出側に設置されている給水用具には適用されない。O リング等を水圧で接続部に密着させることによって水密性を保つ構造の伸縮継手、伸縮可とう継手等については、むしろ低水圧時に密着力が低下し、外部への漏水が生じるおそれがあることから、20kPa の低水圧による試験も併せて行うこととしている。なお、O リング等を使用する器具であっても、ネジ等で O リング等を締め付けて水密性を確保している場合には、低水圧時に密着力が低下するおそれがないことから、その必要はない。

２．試験圧力

1.75MPa という試験水圧は、通常の使用状態における水圧、ウォーターハンマーによる水撃圧等を考慮し、現在の日本の水道の使用圧力において給水装置に加わり得る最大水圧として設定したものである。新設工事の場合は、給水装置工事の適正な施工の確保の観点から、配管や接合部の施工が確実に行われたかを確認するため、試験水圧 1.75MPa を１分間保持する耐圧試験を実施することが望ましい。

ただし、配管工事後の耐圧試験の試験水圧は定量的な基準はなく、水道事業者が給水区域内の実情を考慮し、試験水圧を定めることができる。したがって、一律に、試験水圧 1.75MPa を１分間保持する水圧検査を実施しなければならないというわけではない。

ここが頻出だ！

● **配管工事後の耐圧試験の水圧は、水道事業者が給水区域内の実情を考慮し、定めることができる。**

3．耐圧試験時の圧力低下

給水管の布設後耐圧試験を行う際には、加圧圧力や加圧時間を適切な大きさ、長さにしなくてはならない。過大にすると柔軟性のある合成樹脂管や分水栓等の給水用具を損傷するおそれがある。

柔軟性のある合成樹脂管であるポリエチレン二層管、架橋ポリエチレン管、ポリブテン管などは、耐圧試験を実施する場合、水圧を加えると管が膨張し圧力が低下する。これは管の特性であり、気温、水温等で圧力低下の状況が異なるので注意が必要である。

水道博士のワンポイントアドバイス

膨張による圧力低下は、ポリエチレン粉体ライニング鋼管や波状ステンレス鋼管などのライニング鋼管や金属管では考慮する必要はないぞ。

4．耐圧試験時の分水栓、止水栓の開閉

分水栓、止水栓の耐圧試験は、止水性能を確認するための試験ではないので、すべて「開」状態で実施する。

ここが頻出だ！

● **分水栓、止水栓の耐圧試験は、止水性の試験ではないので、すべて「開」状態で実施する。**

水道博士のワンポイントアドバイス

止水栓や分水栓の耐圧試験は、弁を「閉」状態にしたときの止水性能を確認するための試験ではない。耐圧試験時の栓は、閉ではなく、開である。耐圧試験は、「開より始めよ。」じゃ。

2｜浸出等に関する基準

給水装置の構造及び材質の基準に関する省令

（浸出等に関する基準）

第２条　飲用に供する水を供給する給水装置は、厚生労働大臣が定める浸出に関する試験（以下「浸出性能試験」という。）により供試品（浸出性能試験に供される器具、その部品、又はその材料（金属以外のものに限る。）をいう。）について浸出させたとき、その浸出液は、別表第一の上欄に掲げる事項につき、水栓その他給水装置の末端に設置されている給水用具にあっては同表の中欄に掲げる基準に適合し、それ以外の給水装置にあっては同表の下欄に掲げる基準に適合しなければならない。

給水管及び給水用具の性能基準の解説（浸出性能基準）

本基準は、給水装置から金属等が浸出し、飲用に供される水が汚染されることを防止するためのものである。

1.　考え方

本浸出性能基準は、国内外の浸出性能基準・規格のうち、最も合理的かつ体系的と考えられるNSF（米国衛生財団）の規格（NSF61）に準拠しつつ、わが国の水道水質、給水装置の使用実態、試験の簡便性等を考慮して必要な修正を加えたものである。

浸出性能試験としては、最終製品で行う器具試験のほか、部品試験や材料試験も選択できる。ただし、金属材料については材料試験を行うことはできない。これは、金属の場合、最終製品と同じ材質の材料を用いていても、表面加工方法、冷却方法等が異なると金属等の浸出量が大きく異なるとされているためである。

2. 適用対象

適用対象は、通常の使用状態において飲用に供する水が接触する可能性のある給水管及び給水用具に限定される。具体的には、給水管、末端給水用具以外の給水用具（継手、バルブ類等)、飲用に供する水を供給する末端給水用具が対象となる。

浸出性能基準の適用対象の器具及び適用対象外の器具の代表例を以下に示す。なお、これは通常の使用状態を前提にした判断の目安であり、個別の判断は、当該器具の使用状態に即して行う必要がある。

[適用対象の器具例]

○給水管

○末端給水用具以外の給水用具

・継手類　・バルブ類　・受水槽用ボールタップ

・先止め式瞬間湯沸器及び貯湯湯沸器

○末端給水用具

・台所用、洗面所用等の水栓　・元止め式瞬間湯沸器及び貯蔵湯沸器

・浄水器(注)、自動販売機、冷水機

[適用対象外の器具例]

○末端給水用具

・ふろ用、洗髪用、食器洗浄用等の水栓

・洗浄弁、洗浄装置付き便座、散水栓

・水洗便所のロータンク用ボールタップ

・ふろ給湯専用の給湯機及びふろがま　・自動食器洗い器

(注) 浄水器には、

ア. 水栓の流入側に取り付けられ常時水圧が加わるもの（先止め式又はⅠ型)

イ. 水栓の流出側に取り付けられ常時水圧が加わらないもの（元止め式又はⅡ型）がある。

アはすべて給水用具に該当するが、イについては、浄水器と水栓が一体として製造・販売されているもの（ビルトイン型又はアンダーシンク型）は給水用具に該当するが、浄水器単独で製造・販売され、消費者が取り付けを行うもの（蛇口直結型及び据え置き型）は該当しない。

内部に吐水口空間を有する給水用具については、吐水口以降の部分も含めた給水用具全体を一体として評価を行うことを原則とするが、自動販売機や製氷機については、水道水として飲用されることはなく、通常、営業用として使用されており吐水口以降については食品衛生法に基づく規制も行われていること等から、従来どおり給水管との接続口から給水用具内の水受け部への吐水口までの間の部分について評価を行えばよい。

また、逃し弁、水抜き栓等の内部のうち給水装置外に排水される水のみが接触する部分については、浸出性能の評価から除外しても差し支えない。

1．浸出性能基準の概要

浸出性能基準は、給水装置から金属などが浸出し、飲用に供される水が汚染されることを防止するためのものである。浸出性能基準の適用対象は、通常の使用状態において飲用に供する水が接触する可能性のある給水管及び給水用具に限定されている。したがって、給水管、継手及び給水管に接続されるすべての給水用具が、浸出性能基準に適合していなければならないわけではない。

浸出性能試験としては、最終製品で行う器具試験のほか、部品試験や材料試験も選択できるとされているが、金属材料については材料試験を行うことはできないと除外されている。営業用として使用される製氷機などは、給水管との接続口から給水用具内の水受け部への吐水口までの間の部分について評価を行えばよいとしている。

2．適用対象器具と適用対象外器具の例

浸出性能基準の適用対象器具と適用対象外の器具として、次ページの表のように例が挙げられている。

適用対象	適用対象外
・給水管 ・継手類 ・バルブ類 ・受水槽用ボールタップ ・先止め式瞬間湯沸器及び貯湯湯沸器 ・台所用、洗面所用等の水栓 ・元止め式瞬間湯沸器及び貯蔵湯沸器 ・浄水器(※)、自動販売機、冷水機	・ふろ用、洗髪用、食器洗浄用等の水栓 ・洗浄弁、洗浄装置付き便座、散水栓 ・水洗便所のロータンク用ボールタップ ・ふろ給湯専用の給湯機及びふろがま ・自動食器洗い器

※水栓の流入側に取り付けられ常時水圧が加わるもの

水道博士のワンポイントアドバイス

受水槽用ボールタップは浸出性能基準の適用対象だが、水洗便所のロータンク用ボールタップは浸出性能基準の適用対象外じゃ。

3 | 水撃限界に関する基準

給水装置の構造及び材質の基準に関する省令

(水撃限界に関する基準)

第3条　水栓その他水撃作用（止水機構を急に閉止した際に管路内に生じる圧力の急激な変動作用をいう。）を生じるおそれのある給水用具は、厚生労働大臣が定める水撃限界に関する試験により当該給水用具内の流速を 2m/ 秒又は当該給水用具内の動水圧を 0.15MPa とする条件において給水用具の止水機構の急閉止（閉止する動作が自動的に行われる給水用具にあっては、自動閉止）をしたとき、その水撃作用により上昇する圧力が 1.5MPa 以下である性能を有するものでなければならない。ただし、当該給水用具の上流側に近接してエアチャンバーその他の水撃防止器具を設置すること等により適切な水撃防止のための措置が講じられているものにあっては、この限りでない。

給水管及び給水用具の性能基準の解説（水撃限界性能基準）

本基準は、給水用具の止水機構が急閉止する際に生じる水撃作用（ウォーターハンマー）により、給水装置に破壊等が生じることを防止するためのものである。

1. 適用対象

水撃限界性能基準の適用対象は、水撃作用（止水機構を急に閉止した際に管路内に生じる圧力の急激な変動作用をいう。）を生じるおそれのある給水用具であり、具体的には、水栓（主にシングルレバー水栓）、ボールタップ、電磁弁（電磁弁内蔵の全自動洗濯機、食器洗い機等）、元止め式瞬間湯沸器等がこれに該当する。

なお、本基準は水撃発生防止仕様の給水用具か否かの判断基準であり、水撃作用を生じるおそれのある給水用具がすべてこの基準を満たしていなければならないわけではない。なお、水撃作用を生じるおそれがあり、この基準を満たしていない給水用具を設置する場合は、別途、水撃防止器具を設置するなどの措置を講じなければならない。

1. 水撃限界性能基準の概要

水撃作用とは、ウォーターハンマーともいい、止水機構を急に閉止した際に管路内に生じる圧力の急激な変動作用をいう。水撃限界性能基準は、水撃作用により、給水装置に破壊などが生じることを防止するためのものである。したがって、水撃限界性能基準の適用対象は、水撃作用を生じるおそれのある給水用具であり、水栓（主にシングルレバー水栓）、ボールタップ、電磁弁（電磁弁内蔵の全自動洗濯機、食器洗い機等）、元止め式瞬間湯沸器等がこれに該当する。

なお、水撃作用を生じるおそれのある給水用具はすべてこの基準を満たしていなければならないわけではない。ただし、水撃作用を生じるおそれがあり、この基準を満たしていない給水用具を設置する場合には、別途、エアチャンバーなどの水撃防止器具を設置するなどの措置を講じなければならない。

ここが頻出だ！

● 水撃作用を生じるおそれのある給水用具が、すべてこの性能基準を満たさなければならないわけではない。

2．水撃限界性能基準の試験

水栓その他水撃作用を生じるおそれのある給水用具は、厚生労働大臣が定める水撃限界に関する試験により、当該給水用具内の流速を 2m/秒または当該給水用具内の動水圧を 0.15MPa とする条件において給水用具の止水機構の急閉止（閉止する動作が自動的に行われる給水用具にあっては、自動閉止）をしたとき、その水撃作用により上昇する圧力が 1.5MPa 以下である性能を有するものでなければならないとしている。

なお、湯水混合水栓等において同一の仕様の止水機構が水側と湯側についているような場合は、いずれか一方の止水機構について試験を行えばよいとしている。

ここが頻出だ！

● 水撃限界性能基準の試験条件は、当該給水用具内の流速 2m/ 秒または動水圧 0.15MPa である。

3．ウォーターハンマーの防止

ウォーターハンマーの防止に関する事項としては、ウォーターハンマーの発生のおそれのある場合で、給水管の水圧が高い時は、減圧弁を設置し給水圧を下げ、ウォーターハンマーの発生のおそれのある箇所には、その手前に近接してエアチャンバーなどの水撃防止器具を設置するなどの対策が必要である。

また、単式ボールタップは複式ボールタップに比べてウォーターハンマーが発生しやすくなる傾向があり注意が必要であり、水槽にボールタップで給水する場合は、必要に応じて波立ち防止板等を設置する。

ここが頻出だ！

● ウォーターハンマーの発生のおそれのある箇所には、その手前に近接して水撃防止器具を設置する。

水道博士のワンポイントアドバイス

複式ボールタップとは、圧力バランス型ボールタップともいい、ゆっくり閉止するので、ウォーターハンマー防止に有効じゃ。エアチャンバーとは、器具内部に封入された空気の圧縮性を利用して、ウォーターハンマーによる衝撃を吸収するものじゃ。

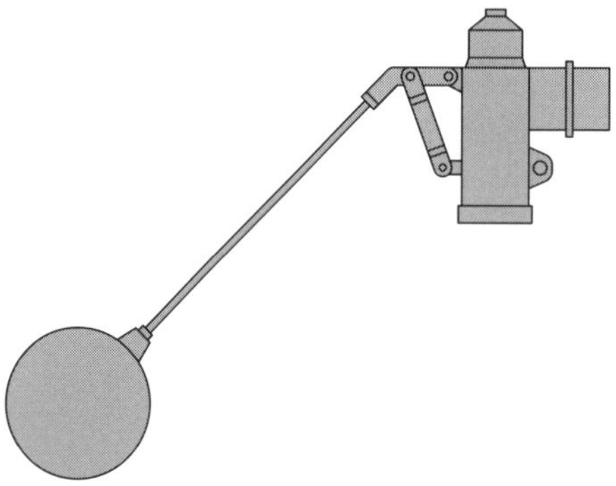

複式ボールタップ

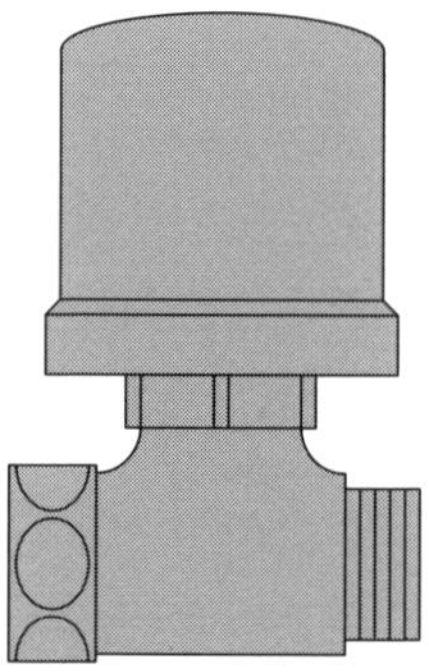

エアチャンバー

4｜防食に関する基準

給水装置の構造及び材質の基準に関する省令

（防食に関する基準）

第4条　酸又はアルカリによって侵食されるおそれのある場所に設置されている給水装置は、酸又はアルカリに対する耐食性を有する材質のもの又は防食材で被覆すること等により適切な侵食の防止のための措置が講じられているものでなければならない。

2　漏えい電流により侵食されるおそれのある場所に設置されている給水装置は、非金属製の材質のもの又は絶縁材で被覆すること等により適切な電気防食のための措置が講じられているものでなければならない。

1．侵食の概要

埋設された金属管が異種金属の管や継手、ボルト等と接触していると、自然電位の低い金属と自然電位の高い金属との間に電池が形成され、自然電位の低い金属が侵食される。

また、自然侵食にはマクロセル及びミクロセルがあり、ミクロセル侵食には、腐食性の高い土壌、バクテリアによる侵食がある。マクロセル侵食とは、埋設状態にある金属材質、土壌、乾湿、通気性、pH値、溶解成分の違い等の異種環境での電池作用による侵食をいう。

2．コンクリートによるマクロセル侵食

地中に埋設した鋼管が部分的にコンクリートと接触している場合、アルカリ性のコンクリートに接している部分の電位が、コンクリートと接触していない部分より高くなって腐食電池が形成され、コンクリートと接触していない部分が侵食される。

したがって、構造物などを金属管が貫通する場合は、金属管とその構造物が接触するおそれがあるため、ポリエチレンスリーブ、防食テープ等を使用し、管が直接構造物（コンクリート、鉄筋等）に接触しないように施工する。

3．漏えい電流による侵食

金属管が鉄道、変電所等に近接して埋設されている場合に、漏えい電流による電気分解作用により侵食を受ける。このとき、電流が金属管から流出する部分に侵食が起きる。

漏えい電流による侵食防止には、管路に電気的絶縁継手を挿入して、管の電気抵抗を大きくし、管に流出入する漏えい電流を減少させる絶縁接続法などがある。

4．管外面の防食工

管外面の防食工には、ポリエチレンスリーブ、防食テープ、防食塗料を用いる方法の他、外面被覆管を使用する方法がある。したがって、外面硬質塩化ビニル被覆の硬質塩化ビニルライニング鋼管の使用は、管外面防食工になる。

鋼管の外面防食のため、防食塗料を塗布する際には、管外面を清掃し継手部との段差をマスチック（厚付け塗剤）で埋めた後、プライマ（下地剤）を塗布し、防食塗料を２回以上塗布する。金属管の外面防食工として、管外面をポリエチレンスリーブで被覆し、粘着テープなどで密着及び固定するときには、管継手部の凹凸にスリーブを十分たるみを持たせて施工する。

5．分水栓の防食工

鋳鉄管からサドル付分水栓などにより穿孔、分岐した通水口には、防食コアを挿入するなど適切な防錆措置を施す。また、鋳鉄管の切管の内面防食には、ダクタイル管補修用塗料を塗布する。サドル付分水栓などの給水用具を外面防食するためには、ポリエチレンシートを使用してサドル付分水栓全体を覆うようにして包み込み、粘着テープなどで確実に密着及び固定し、土壌との接触を断って侵食の防止を図る。

水道博士のワンポイントアドバイス

コンクリートによるマクロセル侵食は、コンクリート（C）と土壌（S）の間の環境差で生じるので、CS マクロセル侵食ともいうぞ。

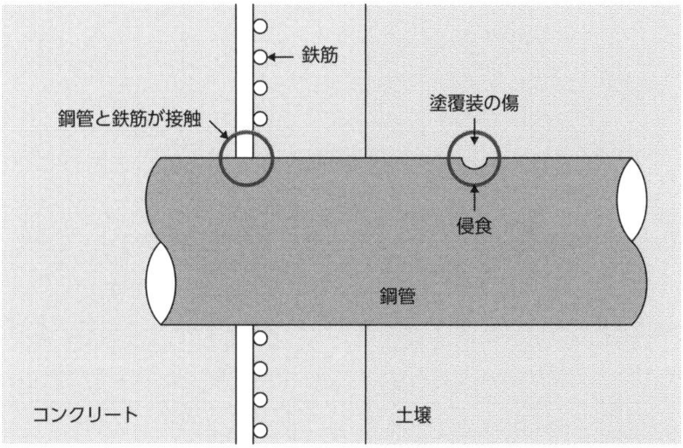

コンクリート／土壌マクロセル侵食（CS マクロセル侵食）

5 ｜逆流防止に関する基準

1．逆流防止

給水装置の構造及び材質の基準に関する省令

（逆流防止に関する基準）

第５条　水が逆流するおそれのある場所に設置されている給水装置は、次の各号のいずれかに該当しなければならない。

一　次に掲げる逆流を防止するための性能を有する給水用具が、水の逆流を防止することができる適切な位置（ニに掲げるものにあっては、水受け容器の越流面の上方 150mm 以上の位置）に設置されていること。

イ　減圧式逆流防止器は、厚生労働大臣が定める逆流防止に関する試験（以下「逆流防止性能試験」という。）により 3kPa 及び 1.5MPa の静水圧を1分間加えたとき、水漏れ、変形、破損その他の異常を生じないとともに、厚生労働大臣が定める負圧破壊に関する試験（以下「負圧破壊性能試験」という。）により流入側からマイナス54kPaの圧力を加えたとき、減圧式逆流防止器に接続した透明管内の水位の上昇が3mmを超えないこと。

ロ　逆止弁（減圧式逆流防止器を除く。）及び逆流防止装置を内部に備えた給水用具（ハにおいて「逆流防止給水用具」という。）は、逆流防止性能試験により3kPa及び1.5MPaの静水圧を1分間加えたとき、水漏れ、変形、破損その他の異常を生じないこと。

ハ　逆流防止給水用具のうち次の表の第一欄に掲げるものに対するロの規定の適用については、同欄に掲げる逆流防止給水用具の区分に応じ、同表の第二欄に掲げる字句は、それぞれ同表の第三欄に掲げる字句とする。

逆流防止給水用具の区分	読み替えられる字句	読み替える字句
（1）　減圧弁	1.5MPa	当該減圧弁の設定圧力
（2）　当該逆流防止装置の流出側に止水機構が設けられておらず、かつ、大気に開口されている逆流防止給水用具（（3）及び（4）に規定するものを除く。）	3kPa及び1.5MPa	3kPa
（3）　浴槽に直結し、かつ、自動給湯する給湯機及び給湯付きふろがま（（4）に規定するものを除く。）	1.5MPa	50kPa
（4）　浴槽に直結し、かつ、自動給湯する給湯機及び給湯付きふろがまであって逆流防止装置の流出側に循環ポンプを有するもの	1.5MPa	当該循環ポンプの最大吐出圧力又は50kPaのいずれかの高い圧力

給水管及び給水用具の性能基準の解説（逆流防止性能基準）

本基準は、給水装置の吐水口からの汚水の逆流により、公共への危害等が生じることを防止するためのものである。

1. 適用対象

逆流防止性能基準の適用対象は、逆止弁、減圧式逆流防止器及び逆流防止装置を内部に備えた給水用具である。

なお、構造・材質基準においては、水が逆流するおそれのある場所では、本基準若しくは負圧破壊性能基準に適合する給水用具の設置、又は規定の吐水口空間の確保のいずれかひとつを確実に行うことを要求しているものであり、この要求を満たした上で、安全性を向上させるため、本基準を満足しない逆止弁等を付加的に設置することを妨げるものではない（負圧破壊性能基準においても同様）。

逆流防止性能基準における高水圧時の試験水圧は、1.5MPaとなっている。減圧式逆流防止器は、逆流防止機能と負圧破壊機能を併せ持つ装置であることから、両性能を有することを要件としている。そのため、減圧式逆流防止器は、厚生労働大臣が定める逆流防止に関する試験により3kPa及び1.5MPaの静水圧を1分間加えたとき、水漏れ、変形、破損その他の異常を生じないとともに、厚生労働大臣が定める負圧破壊に関する試験により流入側からマイナス54kPaの圧力を加えたとき、減圧式逆流防止器に接続した透明管内の水位の上昇が3mmを超えないこととしている。

逆止弁等は、1次側と2次側の圧力差がほとんどないときも、2次側から水撃圧等の高水圧が加わったときも、ともに水の逆流を防止できるものでなければならない。そのため、逆止弁（減圧式逆流防止器を除く。）及び逆流防止装置を内部に備えた給水用具（逆流防止給水用具）は、逆流防止性能試験により3kPa及び1.5MPaの静水圧を1分間加えたとき、水漏れ、変形、破損その他の異常を生じないこととされている。なお、逆流防止装置を内部に備えた給水用具については、内部に備えられている逆流防止装置を給水用具から取りはずして試験を行うことは差し支えないとしている。

水道博士のワンポイントアドバイス

「流入側からマイナス 54kPa の圧力を加えたとき」の、マイナス 54kPa のマイナスとは、負圧、すなわち大気圧より低い圧力という意味じゃ。要するに、「流入側から吸引するような圧力を加えたとき」で、例えば、ストローでジュースを吸っているような状況じゃ。

2．負圧破壊

給水装置の構造及び材質の基準に関する省令

（逆流防止に関する基準）

第５条　水が逆流するおそれのある場所に設置されている給水装置は、次の各号のいずれかに該当しなければならない。

一　次に掲げる逆流を防止するための性能を有する給水用具が、水の逆流を防止することができる適切な位置（ニに掲げるものにあっては、水受け容器の越流面の上方 150mm 以上の位置）に設置されていること。

ニ　バキュームブレーカは、負圧破壊性能試験により流入側からマイナス 54kPa の圧力を加えたとき、バキュームブレーカに接続した透明管内の水位の上昇が 75mm を超えないこと。

ホ　負圧破壊装置を内部に備えた給水用具は、負圧破壊性能試験により流入側からマイナス 54kPa の圧力を加えたとき、当該給水用具に接続した透明管内の水位の上昇が、バキュームブレーカを内部に備えた給水用具にあっては逆流防止機能が働く位置から水受け部の水面までの垂直距離の２分の１、バキュームブレーカ以外の負圧破壊装置を内部に備えた給水用具にあっては吸気口に接続している管と流入管の接続部分の最下端又は吸気口の最下端のうちいずれか低い点から水面までの垂直距離の２分の１を超えないこと。

へ　水受け部と吐水口が一体の構造であり、かつ、水受け部の越流面と吐水口の間が分離されていることにより水の逆流を防止する構造の給水用具は、負圧破壊性能試験により流入側からマイナス 54kPa の圧力を加えたとき、吐水口から水を引き込まないこと。

給水管及び給水用具の性能基準の解説（負圧破壊性能基準）

本基準は、断水時等に生じる負圧により給水装置の吐水口から汚水が逆流し、公共への危害等が生じることを防止するためのものである。

1.　適用対象

バキュームブレーカとは、器具単独で販売され、水受け容器からの取り付けの高さが施工時に変更可能なものをいう。一方、負圧破壊装置を内部に備えた給水用具とは、吐水口水没型のボールタップのように、製品の仕様として負圧破壊装置の位置が一定に固定されているものをいう。

大気式及び圧力式バキュームブレーカは、水受け容器の越流面の上方150mm 以上の位置に設置する。

したがって、例えば、給水装置の逆流防止のために圧力式バキュームブレーカを図のように設置する場合、バキュームブレーカ下端から越流面までの区間について、150mm 以上の距離を確保する必要がある。

ここが頻出だ！

- **大気式及び圧力式バキュームブレーカは、水受け容器の越流面の上方 150mm 以上の位置に設置する。**

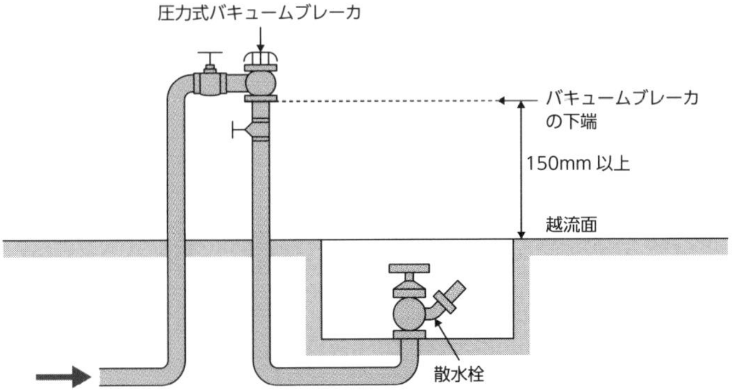

圧力式バキュームブレーカ

大気圧式バキュームブレーカとは、常時水圧がかからない場所に設けられるバキュームブレーカをいう。圧力式バキュームブレーカとは、常時水圧がかかる場所に設けられるバキュームブレーカであるが､逆圧(背圧)がかかるところには設置できない。

バキュームブレーカとは、器具単独で販売され、水受け容器からの取付け高さが施工時に変更可能なものをいう。一方、負圧破壊装置を内部に備えた給水用具とは、製品の仕様として負圧破壊装置の位置が一定に固定されているものをいう。

バキュームブレーカは、負圧破壊性能試験により流入側からマイナス54kPa の圧力を加えたとき、バキュームブレーカに接続した透明管内の水位の上昇が 75mm を超えないこととされている。

また、水受け部と吐水口が一体の構造であり、かつ、水受け部の越流面と吐水口の間が分離されていることにより水の逆流を防止する構造の給水用具は、負圧破壊性能試験により流入側からマイナス 54kPa の圧力を加えたとき、吐水口から水を引き込まないこととされている。

3．吐水口空間

給水装置の構造及び材質の基準に関する省令

（逆流防止に関する基準）

第５条　水が逆流するおそれのある場所に設置されている給水装置は、次の各号のいずれかに該当しなければならない。

二　吐水口を有する給水装置が、次に掲げる基準に適合すること。

イ　呼び径が 25mm 以下のものにあっては、別表第二の上欄に掲げる呼び径の区分に応じ、同表中欄に掲げる近接壁から吐水口の中心までの水平距離及び同表下欄に掲げる越流面から吐水口の最下端までの垂直距離が確保されていること。

別表第二

呼び径の区分	近接壁から吐水口の中心までの水平距離	越流面から吐水口の最下端までの垂直距離
13mm 以下のもの	25mm 以上	25mm 以上
13mm を超え 20mm 以下のもの	40mm 以上	40mm 以上
20mm を超え 25mm 以下のもの	50mm 以上	50mm 以上

備考

1　浴槽に給水する給水装置（水受け部と吐水口が一体の構造であり、かつ、水受け部の越流面と吐水口の間が分離されていることにより水の逆流を防止する構造の給水用具（この表及び次表において「吐水口一体型給水用具」という。）を除く。）にあっては、この表下欄中「25mm」とあり、又は「40mm」とあるのは、「50mm」とする。

2　プール等の水面が特に波立ちやすい水槽並びに事業活動に伴い洗剤又は薬品を入れる水槽及び容器に給水する給水装置（吐水口一体型給水用具を除く。）にあっては、この表下欄中「25mm」とあり、「40mm」とあり、又は「50mm」とあるのは、「200mm」とする。

ロ　呼び径が 25mm を超えるものにあっては、別表第三の上欄に掲げる区分に応じ、同表下欄に掲げる越流面から吐水口の最下端までの垂直距離が確保されていること。

2　事業活動に伴い、水を汚染するおそれのある場所に給水する給水装置は、前項第二号に規定する垂直距離及び水平距離を確保し、当該場所の水管その他の設備と当該給水装置を分離すること等により、適切な逆流の防止のための措置が講じられているものでなければならない。

給水装置の構造及び材質の基準に関する省令により、吐水口空間とは、吐水口の最下端から越流面までの垂直距離及び近接壁から吐水口の中心（25mm を超えるものは吐水口の最下端）までの水平距離をいう。

吐水口を有する給水装置から浴槽に給水する場合は、越流面からの吐水口空間は 50mm 以上を確保する必要がある。また、吐水口を有する給水装置から、プールに給水する場合並びに事業活動に伴い洗剤または薬品を入れる水槽及び容器に給水する場合は、越流面からの吐水口空間は 200mm 以上を確保する必要がある。

事業活動に伴い、水を汚染するおそれのある有害物質等を取り扱う場所に給水する場合は、受水槽式とすること等、当該場所の水管その他の設備と当該給水装置を分離すること等により、適切な逆流防止のための措置を講じる必要がある。したがって、化学薬品の製造業または取扱業等、水を汚染するおそれのある有害物質などを取り扱う場所に給水する給水装置は、給水方式を受水槽式とすることを原則とする。

なお、吐水口を水没させる給水装置工事においては、前述のとおり、構造材質基準に適合したバキュームブレーカを、水受け容器の越流面の上方 150mm 以上の位置に設置する必要がある。

4．吐水口空間の区間

■水受け容器の吐水口空間

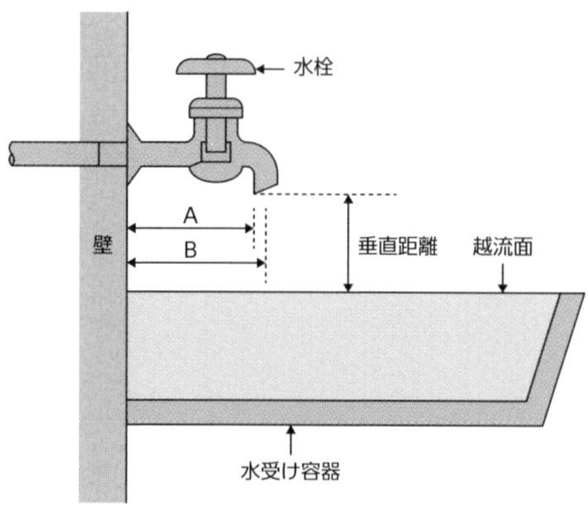

●近接壁からの水平距離

呼び径 25mm 以下：B（近接壁から吐水口の中心までの水平距離）

呼び径 25mm 超過：A（近接壁から吐水口の最下端までの水平距離）

■ 水槽等の吐水口空間

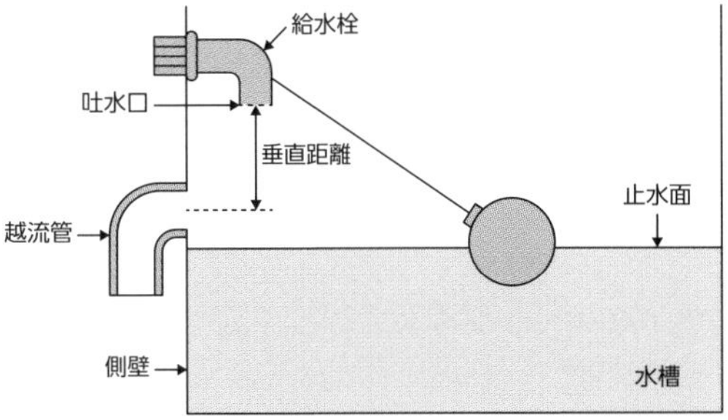

●横取り出しの越流管：垂直距離は越流管の中心から吐水口下端まで

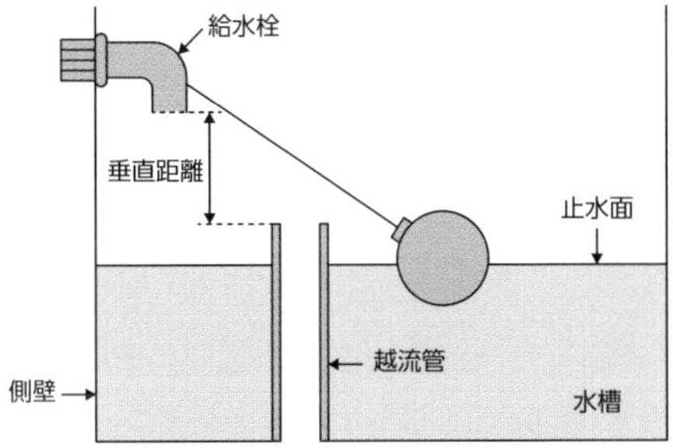

●立取り出しの越流管：垂直距離は越流管の上端から吐水口下端まで

6 | 耐寒に関する基準

給水装置の構造及び材質の基準に関する省令

（耐寒に関する基準）

第６条　屋外で気温が著しく低下しやすい場所その他凍結のおそれのある場所に設置されている給水装置のうち減圧弁、逃し弁、逆止弁、空気弁及び電磁弁（給水用具の内部に備え付けられているものを除く。以下「弁類」という。）にあっては、厚生労働大臣が定める耐久に関する試験（以下「耐久性能試験」という。）により10万回の開閉操作を繰り返し、かつ、厚生労働大臣が定める耐寒に関する試験（以下「耐寒性能試験」という。）により零下20度±２度の温度で１時間保持した後通水したとき、それ以外の給水装置にあっては、耐寒性能試験により零下20度±２度の温度で１時間保持した後通水したとき、当該給水装置に係る第１条第１項に規定する性能、第３条に規定する性能及び前条第１項第一号に規定する性能を有するものでなければならない。ただし、断熱材で被覆すること等により適切な凍結の防止のための措置が講じられているものにあっては、この限りでない。

給水管及び給水用具の性能基準の解説（耐寒性能基準）

本基準は、給水用具内の水が凍結し、給水用具に破壊等が生じることを防止するためのものである。

1.　適用対象

耐寒性能基準は寒冷地仕様の給水用具か否かの判断基準であり、凍結のおそれがある場所において設置される給水用具がすべてこの基準を満たしていなければならないわけではない。なお、凍結のおそれがある場所においてこの基準を満たしていない給水用具を設置する場合は、別途、断熱材で被覆するなどの凍結防止措置を講じなければならない。

また、型式承認基準においては、適用できる凍結防止方法を最も確実な機械的な水抜きに限定してきた。しかしながら、構造が複雑で水抜きが必ずしも容易でない給水用具等においては、例えば通水時にヒータで加熱する等種々の凍結防止方法の選択肢が考えられることから、耐寒性能基準においては、凍結防止の方法は水抜きに限定しないこととした。

水道博士のワンポイントアドバイス

弁類とその他の給水用具の耐寒性能試験の方法の違いは、弁類はこの試験に先立って耐久性能試験を実施することじゃ。

1．耐寒性能基準

耐寒性能基準は、寒冷地仕様の給水用具か否かの判断基準であり、凍結のおそれがある場所において設置される給水用具はすべてこの基準を満たしていなければならないわけではない。また、耐寒性能基準においては、凍結防止の方法は水抜きに限定していない。

耐寒性能試験の－ 20 ± 2℃という試験温度は、寒冷地における冬季の最低気温を想定したものである。また、低温に暴露した後に確認すべき性能基準項目から浸出性能を除いたのは、低温暴露により材質などが変化することは考えられず、浸出性能に変化が生じることはないと考えられることによる。

2．水抜き

水抜き用の給水用具は、水道メーター下流側で屋内立ち上がり管の間に設置する。水抜き用の給水用具以降の配管は、できるだけ鳥居配管やU字形の配管を避け、先上がり配管・埋設配管は 1/300 以上の勾配とする。水抜き用の給水用具以降の配管が長い場合には、取り外し可能なユニオン、フランジ等の接続部を適切な箇所に設置する。

水抜き用の給水用具の排水口は、凍結深度より深くする。排水口付近には、排水を容易にするため、水抜き用浸透ますを設置するか、または排水口付近を切込砂利等により埋戻す。

積雪の多い地域では、原則として、屋内設置式水抜き栓を用いる。外部排水式不凍給水栓には、逆止弁を取り付け、排水口に砂利などを施して排出水が浸透しやすい構造とする。水抜きバルブは、地下室などで水抜き栓を設置できない場合に取り付けるもので、排水は器具本体の排水口に配管を接続して、浸透ますなどに放流する。

ここが頻出だ！

- 寒冷地における凍結防止対策として排水口付近には、排水を容易にするため、水抜き用浸透ますなどを設置する。

3．解氷

凍結が発生した場合、凍結範囲が拡大することを防ぐため、速やかに処置する必要がある。温水を耐熱ホースで凍結管に注入する解氷方法は硬質ポリ塩化ビニル管、水道用ポリエチレン二層管、水道配水用ポリエチレン管、水道給水用ポリエチレン管等の合成樹脂管に対する凍結解氷に有効である。また、銅管等の金属管に対しても使用できる。電気解氷による場合、給水管がガス管、その他金属管と接触していないことを確認する必要がある。また、異種の配管材料が混在しているユニット化装置、ステンレス鋼管等においては、材料の比熱差による破断を避けるため、電気による解氷ではなく温水による解氷を行う。

水道博士のワンポイントアドバイス

鳥居配管とは、鳥居のように凸部のある配管を、外部排水式不凍給水栓とは、給水栓の内部の水を外に排出することにより、凍結防止を図る給水栓をいうのじゃ。

7｜耐久に関する基準

給水装置の構造及び材質の基準に関する省令

（耐久に関する基準）

第7条　弁類（前条本文に規定するものを除く。）は、耐久性能試験により10万回の開閉操作を繰り返した後、当該給水装置に係る第1条第1項に規定する性能、第3条に規定する性能及び第5条第1項第一号に規定する性能を有するものでなければならない。

給水管及び給水用具の性能基準の解説（耐久性能基準）

本基準は、頻繁な作動を繰り返すうちに弁類が故障し、その結果、給水装置の耐圧性、逆流防止等に支障が生じることを防止するためのものである。

1.　適用対象

耐久性能基準は、制御弁類のうち機械的・自動的に頻繁に作動し、かつ通常消費者が自らの意思で選択し、又は設置・交換しないような弁類に適用することとし、開閉回数は型式承認基準に準じて10万回（弁の開及び閉の動作をもって1回と数える）とした。制御弁類の開閉頻度は使用条件により大きく異なるが、10万回の開閉回数は最低でもおおむね2～3年程度に相当するといわれている。

ここで適用対象は、弁類単体として製造・販売され、施工時に取り付けられるものに限ることとする。これは、弁類が給水用具の部品として備え付けられている場合、製品全体としての耐久性とバランスをとって必要な耐久性を持たせるのが普通であり、弁類だけの耐久性を一律に規定することは合理的でないと考えられるためである。

なお、型式承認基準で耐久性能が求められていた水栓やボールタップについては、通常故障が発見しやすい箇所に設置されており、耐久の度合いは消費者の選択に委ねることができることから、本基準の適用対象にしないこととした。

耐久性能基準は、頻繁な作動を繰り返すうちに弁類が故障し、その結果、給水装置の耐圧性、逆流防止等に支障が生じることを防止するためのものである。

耐久性能基準は、制御弁類のうち機械的・自動的に頻繁に作動し、かつ通常消費者が自らの意思で選択し、または設置・交換しないような弁類に適用され、耐久性能試験に用いる弁類の開閉回数は１０万回（弁の開及び閉の動作をもって１回と数える）である。

耐久性能基準の適用対象は、弁類単体として製造・販売され、施工時に取り付けられるものに限ることとし、ボールタップについては、通常故障が発見しやすい箇所に設置されており、耐久性能基準の適用対象にしないこととしている。

耐久性能基準の適用対象は、10万回の開閉操作を行ったのち、耐圧性能、水撃限界性能、逆流防止性能、負圧破壊性能のうち当該給水用具に求められる性能を有すればよい。

水道博士のワンポイントアドバイス

開閉動作により材質等が変化することは考えられないことから、浸出性能は確認すべき性能基準項目から除かれているぞ。

ここが頻出だ！

- **耐久性能基準は、制御弁類のうち機械的・自動的に頻繁に作動し、かつ通常消費者が自らの意思で選択し、または設置・交換しないような弁類に適用される。**

8 | 汚染防止

給水装置の構造及び材質の基準に関する省令

（浸出等に関する基準）

第２条

２　給水装置は、末端部が行き止まりとなっていること等により水が停滞する構造であってはならない。ただし、当該末端部に排水機構が設置されているものにあっては、この限りでない。

３　給水装置は、シアン、六価クロムその他水を汚染するおそれのある物を貯留し、又は取り扱う施設に近接して設置されていてはならない。

４　鉱油類、有機溶剤その他の油類が浸透するおそれのある場所に設置されている給水装置は、当該油類が浸透するおそれのない材質のもの又はさや管等により適切な防護のための措置が講じられているものでなければならない。

汚染防止に関する事項は、給水装置の構造及び材質の基準に関する省令第２条（浸出等に関する基準）に規定されている。

1．停滞水による汚染の防止

末端部が行き止まりとなる給水管は、停滞水が生じ、水質が悪化するおそれがあるため極力避け、やむを得ず行き止まり管となる場合は、末端部に排水機構を設置する。また、一時的、季節的に使用されない給水装置には、給水管内に長期間水の停滞を生じることがあるため、適量の水を適時飲用以外で使用することにより、その水の衛生性を確保する必要がある。

ここが頻出だ！

- 末端部が行き止まりとなる給水管は、停滞水が生じ、水質が悪化するおそれがあるため極力避ける。やむを得ず行き止まり管となる場合は、末端部に排水機構を設置する。

2．有害物質による汚染の防止

「給水装置は、シアン、六価クロムその他水を汚染するおそれのある物を貯留し、または取り扱う施設に近接して設置されていてはならない。」と規定されており、給水管をさや管（二重管）などで防護措置を施したとしても、シアン、六価クロム等の有毒薬品置場、有害物の取扱場、汚水槽等の汚染源に近接して設置することはできない。

ここが頻出だ！

- 給水管路に近接してシアン、六価クロム等の有毒薬品置場、有害物の取扱場、汚水槽等の汚染源がある場合は、給水管をさや管などで防護措置を施したとしても、汚染源に近接して設置することはできない。

3．有機溶剤の浸透の防止

ポリブテン管やポリエチレン二層管などの合成樹脂管は、有機溶剤などに侵されやすいので、これらの合成樹脂管をガソリンスタンド、自動車整備工場等に埋設配管する場合は、油分などの浸透を防止するため、そのおそれがある箇所には使用しないこととし、やむを得ず使用する場合は、さや管などで適切な防護措置を施す。

ここが頻出だ！

- 合成樹脂管は有機溶剤などに侵されやすいので、そのおそれがある箇所には使用しないこととし、やむを得ず使用する場合は、さや管などで適切な防護措置を施す。

4．クロスコネクションによる汚染の防止

給水装置と当該給水装置以外の水管、その他の設備とを直接連結することをクロスコネクションといい、絶対に行ってはならない。クロスコネクションは、水圧状況によって給水装置内に工業用水、排水、ガス等が逆流するとともに、配水管を経由して他の需要者にまでその汚染が拡大する非常に危険な配管であるので、一時的な仮設であっても絶対に行ってはならない。

給水装置と当該給水装置以外の水管、その他の設備とは、仕切弁や逆止弁が介在しても、直接連結してはならない。特にばねや自重で弁体を弁座に密着させ逆流を防止する逆止弁は、シール部分に夾雑物が挟まったり、シール材の摩耗や劣化により、逆流防止性能を失うおそれがあるので、絶対に直接連結してはならない。

クロスコネクションの例として、当該給水装置と井戸水、工業用水、事業活動で用いられている液体の管と接続した配管との接続がある。なお、給水装置と受水槽以下の配管との接続もクロスコネクションとなる。

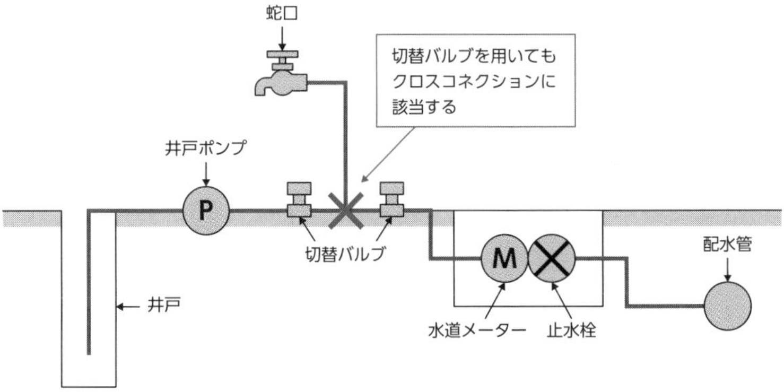

クロスコネクションの例

ここが頻出だ！

- 給水装置と当該給水装置以外の水管、その他の設備とは、一時的な仮設であってもこれを直接連結することは絶対に行ってはならない。

5．その他の汚染の防止

配管接合用シール材または接着剤は、これらの物質が水道水に混入し、油臭、薬品臭等が発生する場合があるので、必要最小限の使用量とする。鉛製給水管が残存している給水装置において変更工事を行ったときには、併せて鉛製給水管の布設替えを行うようにする。

ここが頻出だ！

- 配管接合用シール材または接着剤は、これらの物質が水道水に混入し、油臭、薬品臭等が発生する場合があるので、必要最小限の使用量とする。

水道博士のワンポイントアドバイス

有害物質との近接とクロスコネクションは、絶対ダメじゃぞ。

9｜適用される性能基準

給水管及び給水用具に適用される性能基準は下記のとおりである。

性能基準／給水管及び給水用具	耐圧	浸出	水撃限界	逆流防止	負圧破壊	耐寒	耐久
給水管	◎	◎	－	－	－	－	－
給水栓、ボールタップ	◎	○	○	○	○	○	－
バルブ	◎	○	○	－	－	○	○
継手	◎	○	－	－	－	－	－
浄水器	○	◎	－	○	－	－	－
湯沸器	○	○	○	○	○	○	－
逆止弁	◎	○	－	◎	○	－	◎
ユニット化装置（流し台、洗面台、浴槽、便器等）	◎	○	○	○	○	○	－
自動食器洗い機、冷水機（ウォータークーラ）、洗浄便座等	◎	○	○	○	○	○	－

凡例

◎…適用される性能基準

○…給水用具の種類、用途（飲用に用いる場合、浸出の性能基準が適用となる）、設置場所により適用される性能基準

－…適用外

1．耐圧性能基準

シャワーヘッド、水栓のカランは、適用対象外である。

2．浸出性能基準

飲用の水栓は適用対象である。ふろ用水栓、散水栓、洗髪用の水栓、水洗便所のロータンク用ボールタップ等の末端給水用具は適用対象外である。

3．耐久性能基準

電磁弁、逆止弁及び空気弁は適用対象である。

4．給水用具

- 継手、バルブに適用される性能基準には、耐圧性能及び浸出性能基準がある。
- 逆止弁（減圧式逆流防止器を除く）に適用される性能基準には、耐圧性能、浸出性能、逆流防止性能及び耐久性能基準がある。
- 浄水器は、耐圧性能、浸出性能基準及び逆流防止性能基準は適用される。水撃限界性能、耐久性能基準は適用されない。
- 飲用に用いる湯沸器は、耐圧性能、浸出性能基準は適用される。耐久性能基準は適用されない。

水道博士のワンポイントアドバイス

耐圧性能基準は最終止水機構の流出側のものには適用されない、浸出性能基準は飲用以外のものには適用されない、ということを押さえておこう。

ここが頻出だ！

- 浄水器は、耐圧性能基準、浸出性能基準及び逆流防止性能基準を満たす必要がある。

重要ポイントを覚えよう！

1 □ 配管工事後の耐圧試験の水圧は、水道事業者が給水区域内の実情を考慮し、定めることができる。

2 □ 耐圧試験を実施する場合、管が膨張し圧力が低下することに注意しなければならないのは、柔軟性のあるポリエチレン二層管、架橋ポリエチレン管、ポリブテン管などである。

3 □ 分水栓、止水栓の耐圧試験は、止水性の試験ではないので、すべて「開」状態で実施する。

4 □ 通常の使用状態において、ふろ用の水栓、散水栓は、給水装置の浸出性能基準の適用対象外となる。

5 □ 通常の使用状態においてバルブ類、継手類は、給水装置の浸出性能基準の適用対象外とはならない。

6 □ 水撃限界性能基準は、給水用具の止水機構が急閉止する際に生じる水撃作用により、給水装置に破壊などが生じることを防止するためのものである。

7 □ 水撃限界性能基準の試験条件は、当該給水用具内の流速 2m/秒または動水圧 0.15MPa である。

8 □ 水撃限界性能基準では、湯水混合水栓等において同一の仕様の止水機構が水側と湯側についているような場合は、いずれか一方の止水機構について試験を行えばよい。

9 □ ウォーターハンマーが発生するおそれのある箇所には、その手前に近接して水撃防止器具を設置する。

10 □ 水槽にボールタップで給水する場合は、必要に応じて波立ち防止板などを設置することが水撃作用の防止に有効である。

11 □ 構造物などを金属管が貫通する場合は、金属管とその構造物が接触するおそれがあるため、ポリエチレンスリーブ、防食テープ等を使用し、管が直接構造物（コンクリート、鉄筋等）に接触しないよう施工する。

12 □ 金属管が鉄道、変電所等に近接して埋設されている場合に、漏えい電流による電気分解作用により侵食を受ける。このとき、電流が金属管から流出する部分に侵食が起きる。

13 □ 絶縁接続法とは、管路に電気的絶縁継手を挿入して、管の電気抵抗を大きくし、管に流出入する漏えい電流を減少させる方法である。

14 □ 管外面の防食工には、ポリエチレンスリーブ、防食テープ、防食塗料を用いる方法の他、外面被覆管を使用する方法がある。

15 □ 逆流防止性能基準における高水圧時の試験水圧は、1.5MPaとなっている。

16 □ 大気式及び圧力式バキュームブレーカは、水受け容器の越流面の上方 150mm 以上の位置に設置する。

17 □ 呼び径 25mm 以下の給水管で浴槽に給水する場合、越流面からの吐水口空間は 50mm 以上を確保する。

18 □ 給水装置の寒冷地対策に用いる水抜き用給水用具は、水道メーター下流側で屋内立ち上がり管の間に設置する。

19 □ 水抜き用の給水用具以降の配管は、できるだけ鳥居配管やU字形の配管を避ける。

20 □ 水抜き用の給水用具の排水口付近には、水抜き用浸透ますを設置するか、または排水口付近を切込砂利等により埋戻す。

21 □ 耐久性能基準は、制御弁類のうち機械的・自動的に頻繁に作動し、かつ通常消費者が自らの意思で選択し、または設置・交換しないような弁類に適用される。

22 □ 弁類は、耐久性能試験により10万回の開閉操作を繰り返す。

23 □ 耐久性能基準の適用対象は、弁類単体として製造・販売され、施工時に取り付けられるものに限られる。

24 □ 合成樹脂管は有機溶剤などに侵されやすいので、そのおそれがある箇所には使用しないこととし、やむを得ず使用する場合は、さや管などで適切な防護措置を施す。

25 □ クロスコネクションは、水圧状況によって給水装置内に工業用水、排水、ガス等が逆流するとともに、配水管を経由して他の需要者にまでその汚染が拡大する非常に危険な配管である。

26 □ 末端部が行き止まりとなる給水管は、停滞水が生じ、水質が悪化するおそれがあるため極力避ける。

27 □ 給水装置と当該給水装置以外の水管、その他の設備とは、仕切弁や逆止弁が介在しても、また、一時的な仮設であってもこれを直接連結することは絶対に行ってはならない。

28 □ 配管接合用シール材または接着剤は、これらの物質が水道水に混入し、油臭、薬品臭等が発生する場合があるので、必要最小限の使用量とする。

29 □ 継手に適用される性能基準には、耐圧性能及び浸出性能基準がある。

30 □ 逆止弁(減圧式逆流防止器を除く)に適用される性能基準には、耐圧性能、浸出性能、逆流防止性能及び耐久性能基準がある。

こんな選択肢に注意！

新設工事の場合は、配管や接合部の施工が確実に行われたかを確認するため、試験水圧~~0.75~~MPaを1分間保持する耐圧試験を実施することが望ましい。

新設工事の場合は、配管や接合部の施工が確実に行われたかを確認するため、試験水圧1.75MPaを1分間保持する耐圧試験を実施することが望ましい。

~~波状ステンレス鋼管~~は、水圧を加えると~~波状部分~~が膨張し圧力が低下する。これは管の特性であり、気温、水温等で圧力低下の状況が異なるので注意が必要である。

ポリブテン管などの合成樹脂管は、水圧を加えると管が膨張し圧力が低下する。これは管の特性であり、気温、水温等で圧力低下の状況が異なるので注意が必要である。

分水栓、止水栓等止水機能のある給水用具の~~止水性能を確認する~~ため、止水機能のある栓の弁はすべて「~~開~~」状態で耐圧試験を実施する。

分水栓、止水栓等止水機能のある給水用具の止水性能を確認するわけではないため、止水機能のある栓の弁はすべて「開」状態で耐圧試験を実施する。

水栓やボールタップ等水撃作用を生じるおそれのある給水用具は、すべて水撃限界性能基準を満たさなければ~~ならない~~。

水栓やボールタップ等水撃作用を生じるおそれのある給水用具は、すべて水撃限界性能基準を満たさなければならないわけではない。

ウォーターハンマーの発生のおそれのある場合で、給水管の水圧が高い時は、~~安全弁（逃し弁）~~を設置し給水圧を下げる。

ウォーターハンマーの発生のおそれのある場合で、給水管の水圧が高い時は、減圧弁を設置し給水圧を下げる。

水撃作用の発生のおそれのある箇所には、その~~直後に~~水撃防止器具を設置する。

水撃作用の発生のおそれのある箇所には、その手前に近接して水撃防止器具を設置する。

埋設された金属管が異種金属の管や継手、ボルト等と接触していると、自然電位の低い金属と自然電位の高い金属との間に電池が形成され、自然電位の~~高い~~金属が侵食される。

埋設された金属管が異種金属の管や継手、ボルト等と接触していると、自然電位の低い金属と自然電位の高い金属との間に電池が形成され、自然電位の低い金属が侵食される。

管の侵食防止のため、鋳鉄管からサドル付分水栓などにより穿孔、分岐した通水口には、~~ダクタイル管補修用塗料を塗布~~するなど適切な防錆措置を施す。

管の侵食防止のため、鋳鉄管からサドル付分水栓などにより穿孔、分岐した通水口には、防食コアを挿入するなど適切な防錆措置を施す。

管の侵食防止のため、鋳鉄管の切管の内面防食には、~~管端防食継手を使用する~~。

管の侵食防止のため、鋳鉄管の切管の内面防食には、ダクタイル管補修用塗料を塗布する。

吐水口を有する給水装置からプールに給水する場合は、越流面からの吐水口空間は~~100~~mm 以上を確保する。

吐水口を有する給水装置からプールに給水する場合は、越流面からの吐水口空間は 200mm 以上を確保する。

寒冷地における凍結防止対策として、水抜き用の給水用具は水道メーター~~上流~~側に設置する。

寒冷地における凍結防止対策として、水抜き用の給水用具は水道メーター下流側に設置する。

寒冷地における凍結防止対策として、水抜き用の給水用具以降の配管は、できるだけ鳥居配管やU字形の配管~~とする~~。

寒冷地における凍結防止対策として、水抜き用の給水用具以降の配管は、できるだけ鳥居配管やU字形の配管を避ける。

給水管路に近接してシアン、六価クロム等の有毒薬品置場、有害物の取扱場、汚水槽等の汚染源がある場合は、給水管をさや管など~~により適切に保護する~~。

給水管路に近接してシアン、六価クロム等の有毒薬品置場、有害物の取扱場、汚水槽等の汚染源がある場合は、給水管をさや管などで防護措置を施したとしても、汚染源に近接して設置することはできない。

給水管と井戸水配管を直接連結する~~場合、両管の間に逆止弁を設置し、逆流防止の措置を講じる必要がある~~。

給水管と井戸水配管を直接連結することは、逆止弁が介在しても、絶対に行ってはならない。

浄水器は、耐圧性能基準、浸出性能基準及び~~耐久性能基準~~を満たす必要がある。

浄水器は、耐圧性能基準、浸出性能基準及び逆流防止性能基準を満たす必要がある。

通常の使用状態において、バルブ類は、給水装置の浸出性能基準の適用対象外と~~なる~~。

通常の使用状態において、バルブ類は、給水装置の浸出性能基準の適用対象外とならない。

第6章

給水装置工事法

第6章 給水装置工事法

出題のポイント

給水装置工事法の分野からは毎年10問出題される。給水装置工事法の内容は、配水管からの給水管の取出し・分岐・穿孔、配管の接合・埋設・施工管理・維持管理、水道メーターの設置などに関する事項が出題される。

1 | 配水管から給水管の取出し・分岐

配水管から給水管を取り出して分岐する工事については、水道法施行規則第36条において、指定給水装置工事事業者の事業の運営として、「配水管から分岐して給水管を設ける工事及び給水装置の配水管への取付口から水道メーターまでの工事を施行する場合において、当該配水管及び他の地下埋設物に変形、破損その他異常を生じさせることがないよう適切に作業を行うことができる技能を有する者を従事させ、又はその者に当該工事に従事する他の者を実施に監督させること。」と規定されている。

配水管からの給水管の分岐は、次の事項に留意して行う。

水道博士のワンポイントアドバイス

給水装置工事主任技術者が、当該工事に従事する者を実施に監督しなければならないわけではないが、してはいけないわけではない。

1．分岐作業の工程

サドル付分水栓（ダクタイル鋳鉄管の場合）に関わる作業工程は、次のとおりである。

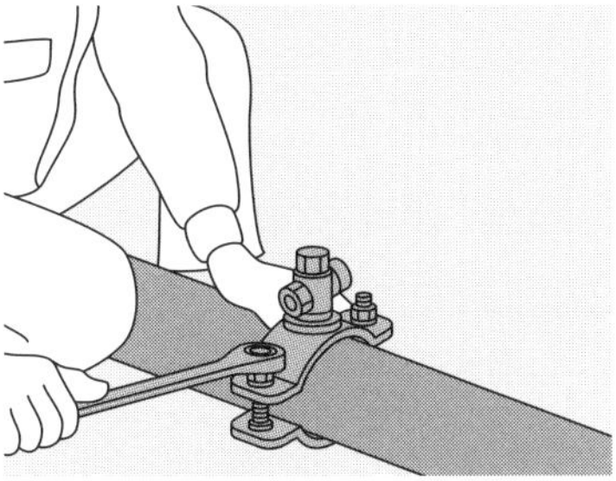

1　分水栓の取付け
配水管に分水栓を取り付ける。

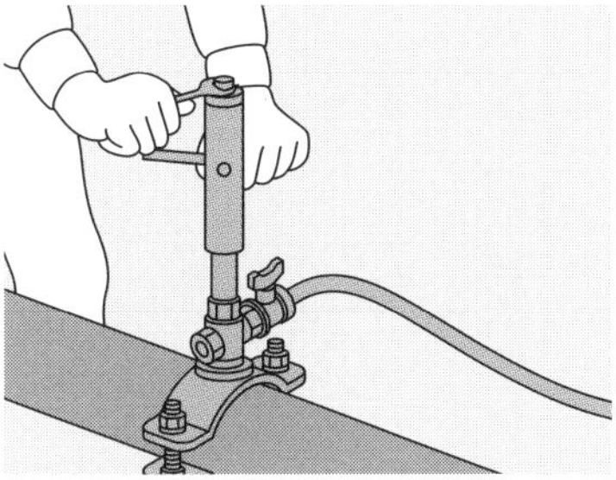

2　穿孔
配水管に孔をあける。

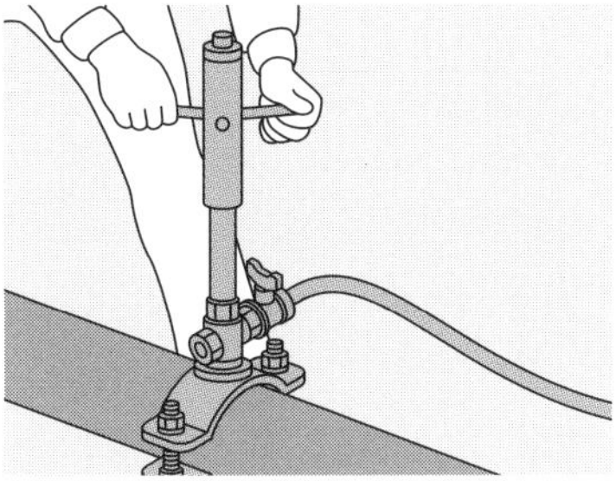

3　防食コアの取付け
開孔部に防食コアを取り付ける。

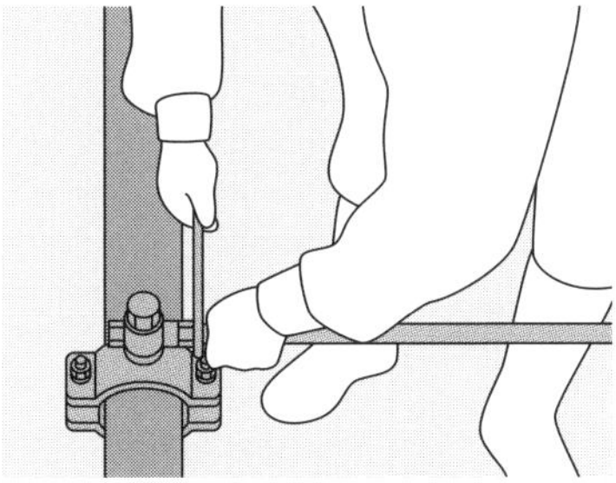

4　給水管の取付け
分水栓に給水管を取り付ける。

２．事前調査

配水管または既設給水管からの給水管の取出しに当たっては、ガス管、工業用水道管等の水道以外の管と誤接続が行われないように、明示テープ、消火栓、仕切弁等の位置の確認及び音聴、試験掘削等により、当該配水管等であることを確認の上、施工しなければならない。

また、配水管からの分岐以降、止水栓までの給水装置材料及び工法等については、災害時等の道路陥没などの被害を防止する観点から、管種や耐震性等を水道事業者が指定しているため確認が必要である。

水道博士のワンポイントアドバイス

電動ドリルでの試験穿孔により配水管であることを確認してはならない。特に、誤ってガス管に試験穿孔した場合、大事故につながるぞ。

3．配水管への取付口の位置

配水管への取付口の位置は、水道法施行令第6条において、「他の給水装置の取付口から30cm以上離れていること。」と規定されている。この分岐位置の間隔は、給水管の取り出し穿孔による管体強度の減少を防止すること、給水装置相互間の流量への影響により他の需要者の水利用に支障が生じることを防止すること等から、他の給水装置の分岐位置から30cm以上離す旨、規定されている。

なお、既設給水管からの分岐に当たっても、配水管からの分岐と同様の理由から、他の給水管の分岐位置から30cm以上離す必要がある。また、維持管理を考慮して配水管等の継手端面からも30cm以上離す必要がある。

4．配水管への取付口における給水管の口径

配水管への取付口における給水管の口径は、水道法施行令第5条において、「当該給水装置による水の使用量に比し、著しく過大でないものとすること。」と規定されている。

分岐口径は、前項と同様の理由に加え、給水管内の水の停滞による水質の悪化を防止する観点から、原則として配水管の口径よりも小さいものとしているが、水道事業者によっては、配水管の分岐から止水栓までの給水管の口径を限定している場合があるため、水道事業者と事前に協議し指示を受ける必要がある。

なお、既設給水管からの分岐口径についても、配水管からの分岐と同様に対応する必要がある。

5．異形管及び継手から分岐の禁止

給水管の分岐は配水管等の直管部からとし、異形管及び継手からの分岐は、その構造上、的確な給水用具の取付けが困難で、また材料使用上からも給水管を分岐してはならない。異形管とは、接続部や分岐部に用いる、曲がった形や枝付きの形、T字形などをした管をいう。

水道博士のワンポイントアドバイス

こんな選択肢に要注意じゃ。

×「給水管の取出しは配水管の直管部とするが、やむを得ない場合は異形管部からの取出しを行ってもよい。」

異形管からの分岐は、「ダメ、ゼッタイ。」じゃ。

ここが頻出だ！

- **給水管の取出しは配水管の直管部からとし、異形管及び継手からは取り出してはならない。**

6．管種及び口径に応じた分岐

配水管等より分岐して給水管を取り出す場合には、サドル付分水栓、分水栓、割T字管等の給水用具を用いる方法や、配水管等を切断し、T字管、チーズ等の給水用具を用いて分岐する方法があるが、配水管等の管種及び口径並びに給水管の口径に応じた給水用具を用いる必要がある。

サドル付分水栓、割T字管は不断水作業で施工する場合に用いられ、T字管、チーズは断水作業で施工する場合に用いられる。特に、配水管を切断してT字管、チーズ等により給水管を取り出す場合は、断水に伴う需要者への広報等に時間を要するので、十分余裕を持って水道事業者と協議する必要がある。

配水管等に分水栓を取り付けるに当たっては、もみ込むねじ山数は、漏水防止等を考慮して３山以上必要である。また、非金属管に分水栓を取り付ける場合には、配水管等の折損防止のためサドルを使用することとする。すなわち、硬質ポリ塩化ビニル管及びポリエチレン二層管に分水栓を取り付ける場合は、配水管の折損防止のためサドル付分水栓を使用する必要がある。

ここが頻出だ！

● **硬質ポリ塩化ビニル管及びポリエチレン二層管に分水栓を取り付ける場合は、配水管の折損防止のためサドル付分水栓を使用する。**

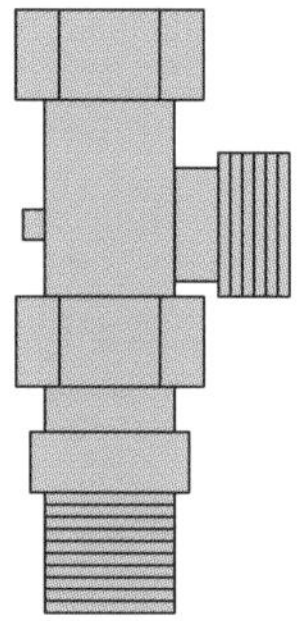

甲型分水栓の例

サドル付分水栓の例

７．配水管の管肌の清掃

分岐に当たっては、配水管のサドル付分水栓などの取付け位置を確認し、配水管等の外面に付着している土砂及び錆等をウエスなどできれいに除去し、必要に応じて外面被覆材等を除去して、配水管の管肌を清掃する。

なお、水道配水用ポリエチレン管にサドル分水栓を取り付ける場合には、サドルが管と同じ材質で電気融着によって固定するものがある。水道配水用ポリエチレン管に分水栓付 EF（電気融着）サドルを取り付ける場合は、管を融着する箇所にサドルの長さよりひと回り大きい標線（けがき線）を記入し、削り残しや切削むらの確認のため切削面にマーキングを施したうえで、スクレーパー（へら）を用いて標線の範囲内の管表面を切削する。

水道博士のワンポイントアドバイス

電気融着とは、電熱線に電流を流して加熱し、サドルと管を一体化して接合することをいうぞ。

8．サドル付分水栓などの給水用具の取付け

割Ｔ字管の場合は、配水管の管軸水平部にその中心がくるように取り付け、給水管の取出し方向及び割Ｔ字管が管水平方向から見て傾きがないか確認する。サドル付分水栓の場合は、配水管の管軸頂部にその中心線がくるように取り付け、給水管の取出し方向及びサドル付分水栓が管軸方向から見て傾きがないことを確認する。

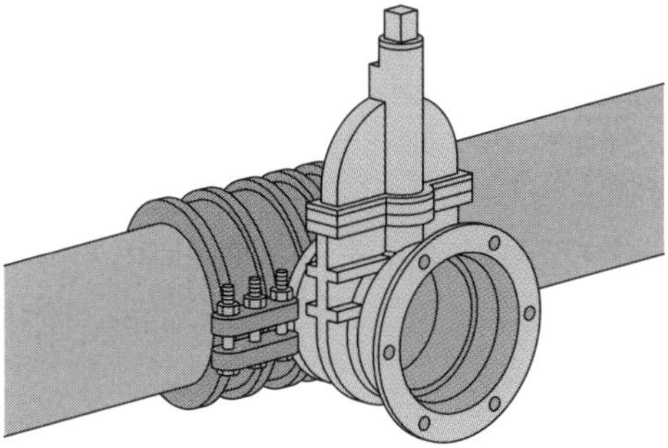

割Ｔ字管の例

サドル付分水栓等の給水用具の取付けに際しては、ゴムパッキン等が十分な水密性を保持できるよう、入念に行うこと。また、ボルトの締め付けは、片締めすると分水栓の移動や、ゴムパッキン等の変形を招くお

それがあるので、必ず平均して締め付けなければならない。したがって、サドル付分水栓の配水管への取付けは、取付けボルトナットの均等締付けを行った後、最終の締付強さを、トルクレンチを用いて確認する必要がある。トルクレンチとは、所定のトルク（力×回転軸と力点の距離）でねじを締め付けるための作業用工具をいう。

9．配水管の穿孔

配水管等への穿孔機の取付けは、配水管等の損傷及び、作業の安全を考慮し、確実に取り付け、内面塗膜面等に悪影響を与えないように、分岐口径及び内面ライニングに応じたカッターまたはドリルを穿孔機のスピンドル（軸）に取り付けて行う。特に、サドル付分水栓によるダクタイル鋳鉄管の分岐穿孔に使用するドリルは、モルタルライニング管の場合とエポキシ樹脂粉体塗装管の場合とで形状が異なるので、注意が必要である。また、磨耗したドリル及びカッターは、管のライニング材のめくれ、剥離等を生じやすいので使用してはならない。

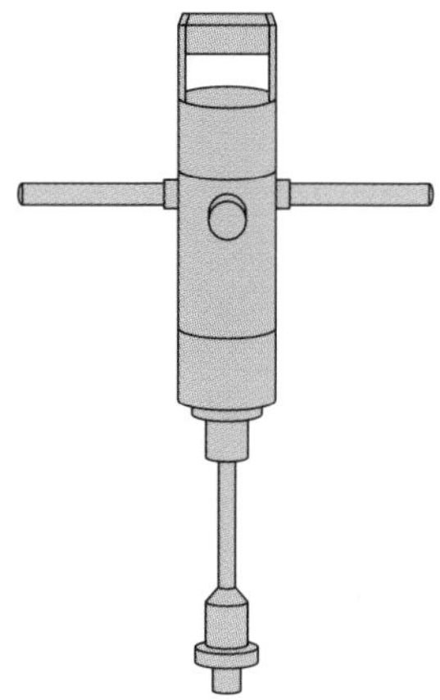

穿孔機の例

10．防食コアの装着

穿孔端面にはその防食のために、適切な防食コアを装着するなどの措置を講じる必要がある。ダクタイル鋳鉄管のサドル付分水栓の穿孔箇所には、穿孔断面の防食のための水道事業者が指定する防食コアを装着する。

ダクタイル鋳鉄管に装着する防食コアは非密着形と密着形があり、挿入機は製造業者及び機種等が異なると、扱い方も異なるので注意が必要である。防食コアの装着は、ストレッチャ（コア挿入機のコア取付け部）先端にコア取付け用ヘッドを取り付け、そのヘッドに該当口径の防食コアを差し込み、非密着形コアの場合は固定ナットで軽く止め、密着形コアの場合は、製造者の取扱い説明書に従って行う。

水道博士のワンポイントアドバイス

密着形とは、筒状の銅製スリーブの外面にゴムをかぶせた構造をしたもので、銅製スリーブを拡げることでゴム面を穿孔端面に密着させる機能を持つ防食コアをいうぞ。

11．分岐作業後の水質確認

不断水分岐作業の水質確認（残留塩素、におい、色、濁り、味）は、分岐作業の終了後に行う。

2｜配水管の穿孔

配水管の穿孔は、次の事項に留意して実施する。

1．被覆の除去

配水管がポリエチレンスリーブで被覆されている場合は、サドル付分水栓取付け位置の中心から20cm程度離れた両位置をゴムバンド等により固定してから切り開き、ゴムバンドの位置まで折り返し、配水管の管肌をあらわす。

2．サドル付分水栓と穿孔機の取付け

サドル付分水栓を取り付ける前に、弁体が全開状態になっているか、パッキンが正しく取り付けられているか、塗装面やねじ等に傷がないか等を確認する。

サドル付分水栓の取付け位置を変えるときは、サドル取付けガスケットを保護するため、配水管の表面を滑らせずに、持ち上げて移動させる。

サドル付分水栓のボルトナットの締め付けは、全体に均一になるように行い、サドル付分水栓の頂部に穿孔機を静かに載せ、袋ナットを締め

付けてサドル付分水栓と一体となるように固定する。

3．穿孔作業

穿孔作業は、刃先が管面に接するまでハンドルを静かに回転させ、穿孔を開始する。最初はドリルの芯がずれないようにゆっくりとドリルを下げる。また、サドル付分水栓の穿孔作業に際し、サドル付分水栓の吐水部へ排水ホースを連結させ、切粉を下水溝等へ排水しないように、ホースからの排水はバケツ等で受けるようにする。

4．水道配水用ポリエチレン管からの分岐穿孔

水道配水用ポリエチレン管にサドル分水栓を取り付ける場合には、サドルが管と同じ材質で電気融着（EF）によって固定するものもある。分水 EF サドル及び分水栓付 EF サドルを取り付ける場合は、管の切削面と取り付けるサドル内面全体に、エタノールまたはアセトンを浸みこませたペーパータオルで清掃する。なお、アセトンとは、有機溶媒の一種である。

穿孔機は、手動式で、カッターは押し切りタイプと切削タイプがある。穿孔機のカッターが押し切りタイプの場合には、排水ホースの取付けは不要である。分水 EF サドルの場合には、押し切りタイプのカッターが内蔵されているので、キャップを外し、工具を用いて穿孔を行い、カッターをもとの位置まで戻しキャップを取り付ける。

分水栓付 EF サドルの例

3 | 給水管の埋設・明示

1．給水管の埋設深さ及び占用位置

給水管の埋設深さは、道路部分は道路管理者の指示（通常の場合は1.2m以下としないこと）に従い、宅地部分における給水管の埋設深さは、荷重、衝撃等を考慮して0.3m以上を標準とする。

道路法施行令第11条の3において、埋設深さについて、「水管又はガス管の本線を埋設する場合においては、その頂部と路面との距離は、1.2m（工事実施上やむを得ない場合にあっては、0.6m）以下としないこと。」と規定されているが、水管橋取付部の堤防横断箇所や他の埋設物との交差の関係等で、土被りを標準または規定値までとれない場合は、河川管理者または道路管理者と協議し、必要に応じて防護措置を施すようにする。

また、占用位置については、道路部分に配管する場合、特に道路を縦断して給水管を配管する場合は、ガス管、電話ケーブル、電気ケーブル、下水管等他の埋設物に十分注意し、道路管理者が定めた占用位置に配管し、占用位置を誤らないようにする。

2．浅層埋設

給水管の埋設深さは、道路部分にあっては道路法施行令により、通常の場合は1.2mを超えることと規定されているが、浅層埋設（平成11年3月31日付建設省道政発第32号、道国発第5号）の適用対象となる管種及び口径の場合は、「車道部は舗装の厚さに0.3mを加えた値（当該値が0.6mに満たない場合は0.6m）以下としない。」と示されている。

浅層化の通達に対する各都市の道路管理者の埋設深さについての対応は、それぞれの地域の実情に合わせて一定の基準を設けて実施している。浅層埋設の適用対象となる管種及び口径の使用にあたっては、埋設深さなどについて道路管理者に確認のうえ、埋設深さを可能な限り浅くする。

浅層埋設の適用対象となる給水管は次のとおりである。

●鋼管（JIS G 3443）300mm以下のもの
●ダクタイル鋳鉄管（JIS G 5526）300mm以下のもの

●硬質塩化ビニル管（JIS K 6742）300mm 以下のもの
●水道配水用ポリエチレン管（JWWA K 144）（PE100、外径／厚さ＝11 以下）300mm 以下のもの

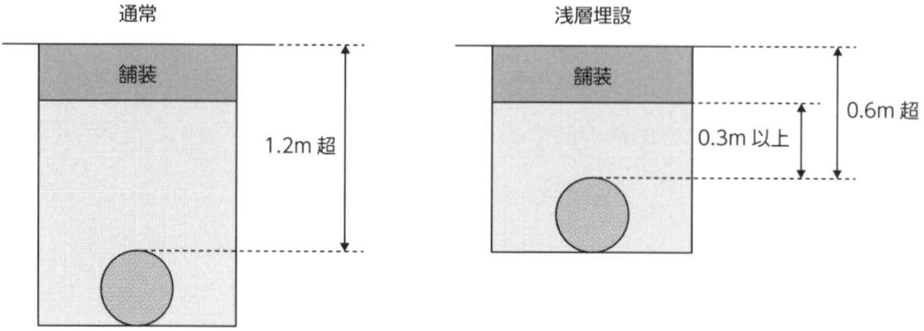

道路部分の埋設深さ

水道博士のワンポイントアドバイス

給水管の埋設深さが深いと、工事の負担が大きくなり、費用面でも環境面でも負担になるので、浅く埋設する浅層埋設が定められているんじゃ。

3．給水管の明示

道路部分に布設する口径 75mm 以上の給水管には、明示テープ、明示シート等により管を明示し、明示テープには埋設物の名称、管理者、埋設年度を表示しなければならない。明示に使用する材料及び方法は、道路法施行令、道路法施行規則建設省道路局通達（昭和 46 年建設省道政第 59 号・同第 69 号）「地下に埋設する電線等の表示に用いるビニルテープ等の地色について」及び「地下に埋設する水管の表示に用いるビニルテープ等の地色について」に基づき施行する。なお、明示シート等と管頂の距離は、各水道事業者の指示により施行する。

占用物件	埋設標示の色
電話・通信線	赤
電力線	橙（オレンジ）
工業用水	白
下水管	茶
ガス管	緑
水道管	青
送油管	黄

ビニルテープの地色

宅地部分に布設する給水管については、維持管理上、必要がある場合は、明示杭等によりその位置を明示する。特に、将来、布設位置が不明となるおそれがある場合には、給水管の事故を防止するため、明示杭（見出杭）または明示鋲等を設置し、給水管の引き込み位置を明示する。さらに、管路及び止水用具はオフセットを測定し、位置を明らかにする。なお、オフセットとは、基準点からのズレ（距離）をいい、複数の基準点からの距離により、管路及び止水用具の位置を明確にした図をオフセット図という。

水道博士のワンポイントアドバイス

埋設管明示テープの地色は、道路法等により定められており、明示シートと管頂の距離は、各水道事業者の指示によるのじゃ。ややこしいぞ。

4 | 止水栓の設置

1．止水栓の位置

配水管等から分岐して最初に設置する止水栓の位置は、外力による損傷の防止、開閉操作の容易性、宅地部分の水道メーター上流給水管の損傷防止等を考慮し、宅地部分の道路境界線近くに設置することを原則とする。ただし、地形、その他の理由により宅地部分に設置することが適当でない場合は、道路部分に設置する。地震、災害時等における給水の早期復旧を図ることからも、止水弁を道路境界付近に設置することが望ましい。

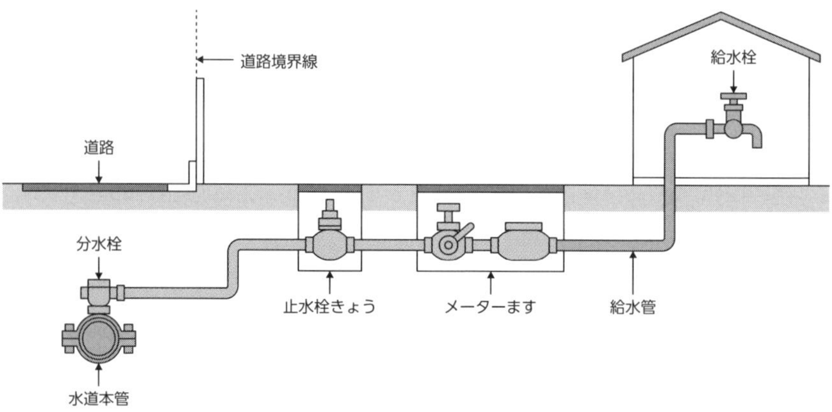

止水栓の設置位置の例

2．止水栓の設置方法

止水栓は、維持管理上支障がないよう、メーターますまたは専用の止水栓きょう内に収納する。また、止水栓きょう等の設置に際しては、周囲の地面に沈下等が生じないよう、締め固めを十分行って、堅固な状態にして設置する。

水道博士のワンポイントアドバイス

止水栓きょうの「きょう」は漢字では「筐」と書くのじゃ。「筐」とは、竹かごが原意で、転じて、外枠を意味する。いわゆる「筐体」じゃ。したがって、止水栓きょうとは止水栓を収納する外枠のことをいうぞ。

5｜水道メーターの設置

1．水道メーターの設置位置

水道メーターの設置位置は、原則として道路境界線に最も近接した宅地部分で、メーターの点検及び取替作業が容易であり、かつ、メーターの損傷、凍結等のおそれがない位置とする。

水道メーターは、一般的に地中に設置するが、家屋の増改築等によって、検針や取替えに支障を生ずることがあるので、地中設置に限らず、場所によっては地上に設置する。地上に設置する場合は、損傷、凍結等に対して配慮する必要がある。

水道メーターは、需要者の使用水量の計量及びメーター先における漏水の発生を検知するため、配水管からの給水管分岐部に最も近接した宅地部分に設置する。さらに、検針及び取替作業等が容易な場所で、かつ汚水や雨水が流入したり、障害物が置かれたりする場所を避けて選定する。さらに、寒冷地においては、水道メーターが凍結破損することがあるので、防寒措置の実施や、取付け深さを凍結深度より深くすることなどに配慮する必要がある。

2．水道メーターを地中に設置する場合

水道メーターを地中に設置する場合は、鋳鉄製、プラスチック製、コンクリート製等のメーターますまたはメーター室に入れ、水道メーター取外し時の戻り水などによる汚染被害を防止するため、防水処理または

排水処理などの措置を講じる。さらに、埋没や外部からの衝撃から防護するとともに、設置位置を明らかにしておく必要がある。

メーターます及びメーター室は、水道メーターの検針が容易にできる構造とし、かつ、水道メーター取替作業が容易にできるスペースを確保する。合わせて、メーター用止水栓等が収納できる構造のものが望ましい。

一般的に、口径 13 ～ 40mm の水道メーターの場合は、鋳鉄製、プラスチック製、コンクリート製等のメーターます、口径 50mm 以上の水道メーターの場合は、コンクリートブロック、現場打ちコンクリート、鋳鉄製等で、上部に鉄蓋を設置した構造とする。

3．水道メーターを建物内に設置する場合

建物内に水道メーターを設置する場合は、凍結防止、取替作業スペースの確保、取付け高さ等について考慮する必要がある。水道メーターを、集合住宅の配管スペース内などの外気温度の影響を受けやすい場所へ設置する場合は、凍結するおそれがあるので、水道メーターに発泡ポリスチレンなどで覆う等の防寒対策が必要である。また、ガス配管など、他の配管設備と隣接している場合は、点検及び取替作業に必要なスペースを確保する必要がある。

水道博士のワンポイントアドバイス

水道メーターは、いかなる場合においても損傷、凍結を防止するため地中に設置しなければならないわけではない。また、建物内に設置する場合、集合住宅の配管スペース内に限定されているわけでもない。受水槽室やポンプ室にも設置されるぞ。

4．遠隔指示装置

水道メーターの遠隔指示装置は、効率よく検針を行うとともに使用水量を正確に伝送するためのものである。水道メーターの遠隔指示装置を設置する場合は、正確かつ効率的に検針できるように、定められた仕様に基づき検針や維持管理が容易なものである必要がある。

5．水道メーターの設置

水道メーターは、メーターに表示されている流水方向の矢印を確認した上で、水平に取り付ける。また、メーターの器種によっては、メーター前後に所定の直管部を確保するなどの仕様があるので、計量に支障を生じないように設置する必要がある。

水道メーターを流水方向に対して逆方向に取り付けると、正規の計量指針を表示しないので、絶対に避けなければならない。また、水道メーターが傾斜していると、メーター性能、計量精度や耐久性を低下させるので、水平に取り付ける。その他、漏水の原因になるので、メーターパッキンは、ずれがないよう注意して取り付ける必要がある。

6．メーターユニットとメーターバイパスユニット

メーターユニットとは、検定満期取替え時の漏水事故防止や取替えを容易にしたもので、集合住宅等に設置される各戸メーターに多く使用されている。メーターユニットは、水道メーターの取替えは容易であるが、取替え時の断水は回避できない。

メーターバイパスユニットは、水道メーター取替え時にバイパス側を通水させ、メーター取替え時の断水を回避できるものである。集合住宅等の複数戸に直結増圧式などで給水する建物の親メーターや直結給水の商業施設等においては、水道メーター取替え時に全戸断水、全館断水による影響を回避するために用いられている。

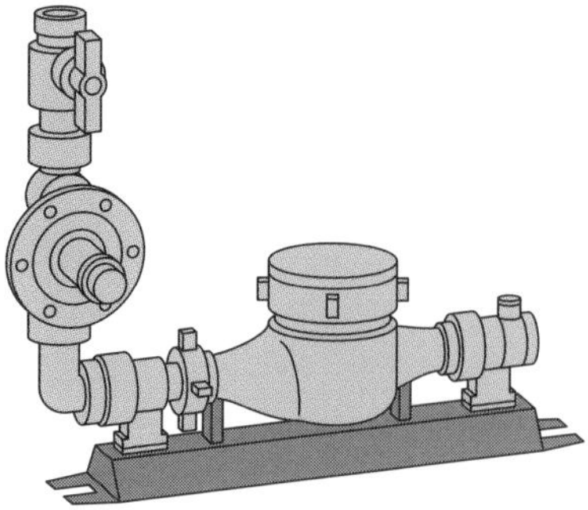

メーターユニット

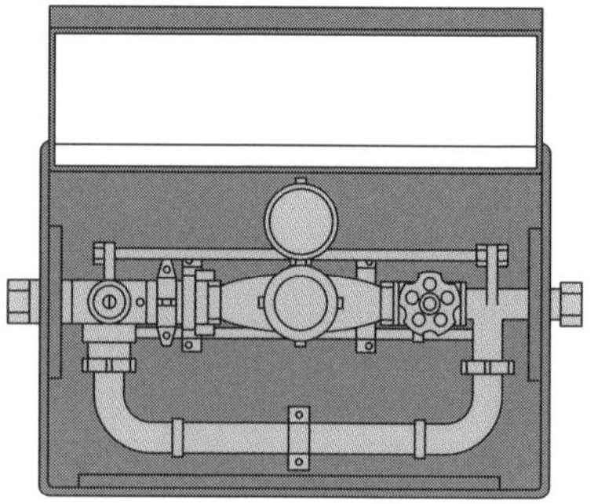

メーターバイパスユニット

6｜配管工事

配水管の取付口から水道メーターまでの使用材料などについては、地震対策並びに漏水時及び災害時等の緊急工事を円滑かつ効率的に行う観点から、水道事業者が指定している場合が多いので、確認のうえ配管工事を行うことが必要である。給水装置工事のうち、配管工事に関する留意事項は、次のとおりである。

1．配管経路

家屋の主配管は、配管の経路について構造物の下の通過を避けること等により漏水時の修理を容易に行うことができるようにする旨、給水装置の構造及び材質の基準に関する省令第１条第３項に規定されている。

家屋の主配管とは、一般に、１階部分に布設された水道メーターと同口径の部分の配管をいう。家屋の主配管が家屋等の構造物の下を通過していると、修理に支障が生じる場合があるので、主配管は、家屋の基礎の外回りに布設することを原則とする。

スペース等の問題でやむを得ず構造物の下を通過させる場合は、さや管ヘッダ方式等とし給水管の交換を容易にする。または、点検・修理口を設ける等、漏水の修理を容易にするために十分配慮する必要がある。なお、さや管ヘッダ方式とは、樹脂製のさや管の中に給水管を通す二重構造の配管方式で、さや管内の給水管の引き替えが容易にできる特長を有している。

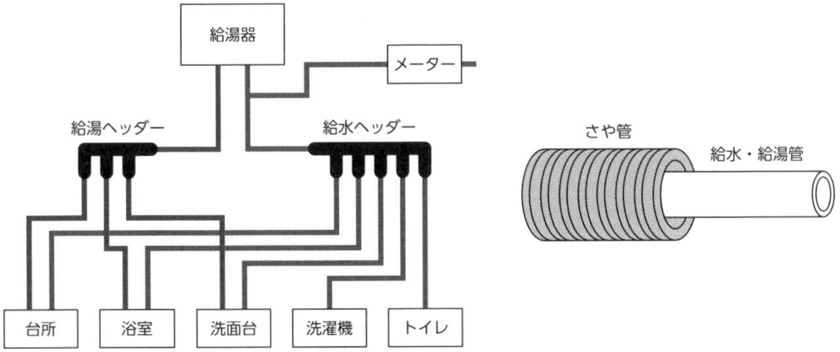

さや管ヘッダ工法

2．配管強度

設置場所の荷重条件に応じ、土圧、自動車等の輪荷重その他の荷重に対し、充分な耐力を有する構造及び材質の給水装置を選定し、給水装置の材料は、当該給水装置の使用実態に応じ、必要な耐久性を有するものを選定する。

給水管は、露出配管する場合は管内水圧を、地中埋設する場合は管内水圧及び土圧、輪荷重その他の外圧に対し充分な強度を有していることが要件であり、適切な管厚のものを選定する。また、地震力に対しては、給水管自体に伸縮可とう性に富んだ材質のものを使用するほか、分岐部や埋設深度が変化する部分及び地中埋設配管から建物内の配管との接続部などの管路の適切な箇所に、伸縮可とう性のある継手を使用する。

水道博士のワンポイントアドバイス

圧力に対しては管厚、地震力に対しては伸縮可とう性で対応するのじゃ。伸縮可とう性のある管や継手は、高水圧に対応するものではないぞ。

ここが頻出だ！

● **給水管は、露出配管する場合は管内水圧に対し、地中埋設する場合は管内水圧及び土圧、輪荷重その他の外圧に対し十分な強度を有していることが必要である。**

3．埋設物との距離

給水管を他の埋設物に近接して布設すると、接触点付近の集中荷重、他の埋設物や給水管の漏水によるサンドブラスト現象等によって、管に損傷を与えるおそれがあるので、給水管は他の埋設物より30cm以上の間隔を確保し、配管するのが望ましい。また、やむを得ず間隔がとれず近接して配管する場合には給水管に発泡スチロール、ポリエチレンフォーム等を施し、損傷防止を図る。

なお、サンドブラスト現象とは、給水管からの漏水などにより、水流とともに周辺の土砂が他の埋設管に衝突して、他の埋設管が損傷する現象をいう。

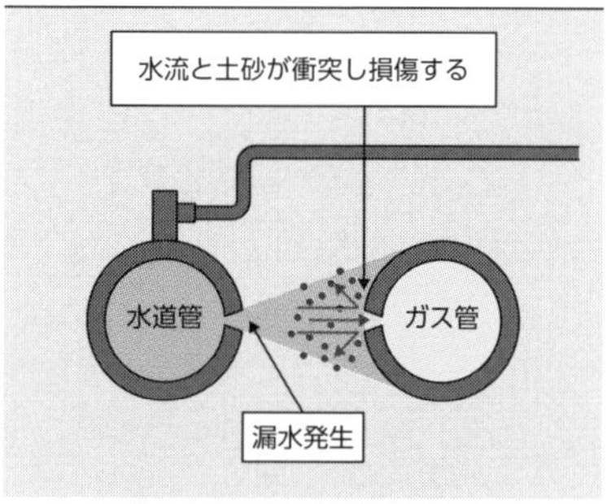

サンドブラスト現象

4．曲げ加工

給水管の配管は、原則として直管及び継手を接続することにより行うが、やむを得ず曲げ加工を行う場合には、管材質に応じた適正な加工を行う。曲げ加工できる配管材料としては、銅管、ステンレス鋼管、ポリエチレン二層管等がある。曲げ配管の施工の留意事項は次のとおりである。

曲げ加工できる配管材料	施工上の留意点
銅管の曲げ加工	・断面が変形しないように、できるだけ大きな半径で少しずつ曲げる。
ステンレス鋼管の曲げ加工	・管の曲げ加工は、ベンダーにより行い、加熱による焼曲げ加工等は行ってはならない。 ・曲げ加工に当たっては、管面に曲げ寸法を示すけがき線を表示してから行う。 ・曲げの最大角度は、原則として 90 度（補角）とし、曲げ部分にしわ、ねじれ等がないようにする。 ・継手の挿し込み寸法等を考慮して、曲がりの始点又は終点からそれぞれ 10cm 以上の直管部分を確保する。 ・曲げの曲率半径は、管軸線上において、口径の4倍以上でなければならない。 ・曲げ加工部の楕円化率は、所定の計算式で算出した数値が、５％以下でなければならない。
ポリエチレン二層管の曲げ加工	・屈曲半径を管の外径の 25 倍以上(1 種管)とする。

水道博士のワンポイントアドバイス

ベンダーとは、パイプベンダーともいい、曲げ加工機のことじゃ。なお、鋼管やライニング鋼管は、曲げ加工して配管できないぞ。

5．メンテナンス性の確保

給水管は将来の取替え、漏水修理等の維持管理を考慮し、できるだけ直線配管とし、地階あるいは２階以上に配管する場合は、原則として各階ごとに止水栓を設置する。

6．水圧・水撃作用対策

水圧、水撃作用等により給水管が離脱するおそれのある場所にあっては、減圧弁、定流量弁等を設置し、給水圧または流速を下げる、水撃防止器具を設置するなどして、適切な離脱防止のための措置を講じる。硬質ポリ塩化ビニル管のRR継手、K形及びT形ダクタイル鋳鉄管の接合部などのゴム輪を用いた継手は、水圧、水撃作用等により離脱するおそれがあるので、注意が必要である。

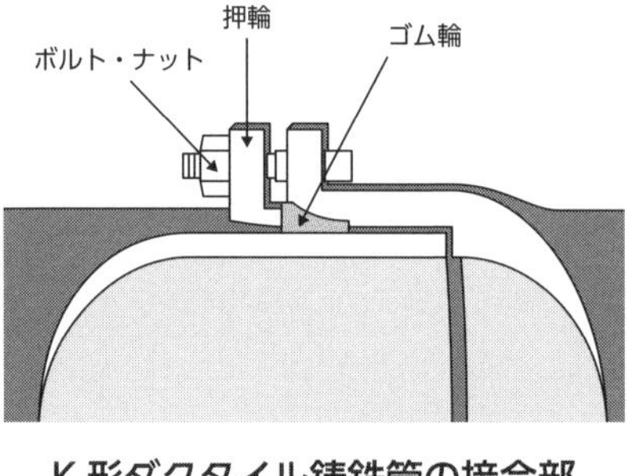

K形ダクタイル鋳鉄管の接合部

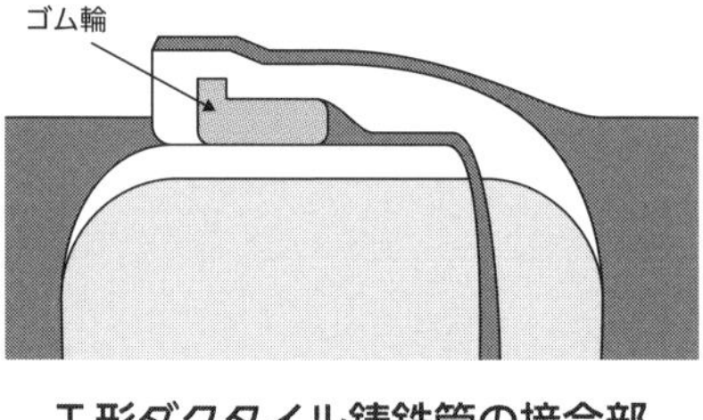

T形ダクタイル鋳鉄管の接合部

水道博士のワンポイントアドバイス

ゴム輪は抜けやすいのじゃ。

ここが頻出だ！

- **水圧、水撃作用等により給水管が離脱するおそれのある場所には、適切な離脱防止のための措置を講じる。**

7．高水圧対策

水撃作用が生じるおそれのある箇所、配水管の位置に対して著しく低い箇所にある給水装置、直結増圧式給水による低層階部などの、高水圧を生じるおそれがある場所や貯湯湯沸器にあっては、減圧弁または逃し弁を設置する。

水道博士のワンポイントアドバイス

高水圧に対応するのは、減圧弁じゃぞ。逆止弁ではないぞ。

8．空気溜りの防止

水路の上越し部、行き止まり配管の先端部、鳥居配管形状となっている箇所などの、空気溜りを生じるおそれがある場所にあっては、空気弁を設置する。

水道博士のワンポイントアドバイス

鳥居配管とは、配管形状が凸状になっている配管をいうぞ。空気弁とは、給水管内の空気の排気を行う弁で、空気抜き弁ともいう。空気溜りに対応するのは空気弁で、吸気弁ではないぞ。

9．高温・低温対策

給水装置は、ボイラー、煙道等高温となる場所を避ける。給水装置（特に樹脂管）を高温となる場所に設置すると、給水装置内の圧力が上昇して破裂するおそれがあるので、原則、高温になる場所に設置してはならない。やむを得ず高温となる場所に設置する場合は、耐熱措置を施す。また、同様に、冷凍庫の冷凍配管等に近接するなど、凍結のおそれのある場所も避ける。

10．工事中の汚水の侵入防止

給水装置工事は、いかなる場合でも衛生に十分注意する必要がある。したがって、工事の中断時または一日の工事終了後には、管端にプラグ等で管栓をし、汚水等が流入しないようにする。特に、工事が一日で完了しない場合は、工事終了後は必ずプラグ等で汚水等の侵入を防止する措置を講じておかなければならない。

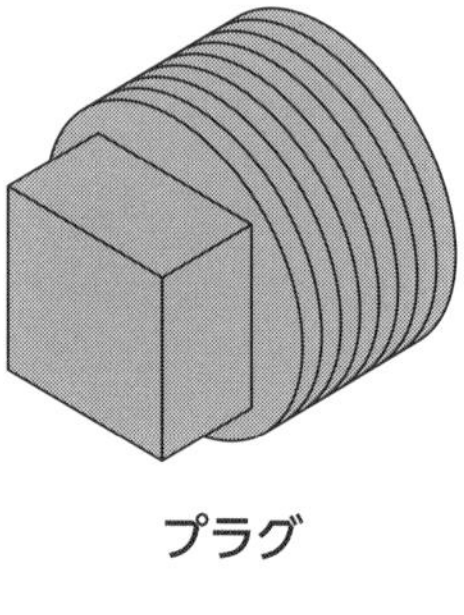

プラグ

11. 配管の損傷防止

壁などに配管された給水管の露出部分は、外力、自重、水圧等による振動やたわみで損傷を受けやすいので、管をクリップなどのつかみ金具を使用し、1～2ｍの間隔で建物に固定する。特に給水栓取付け部分は、損傷しやすいので、堅固に取り付ける。

給水管が構造物の基礎や壁を貫通する場合には、構造物の貫通部に配管スリーブなどを設け、スリーブとの間隙を弾性体で充填し、管の損傷を防止する。

給水管が水路を横断する場合は、原則として水路等の下に給水装置を設置する。やむを得ず水路等を上越しして設置する場合には、高水位以上の高さに設置し、かつ、さや管（金属製）等により、防護措置を講じる。

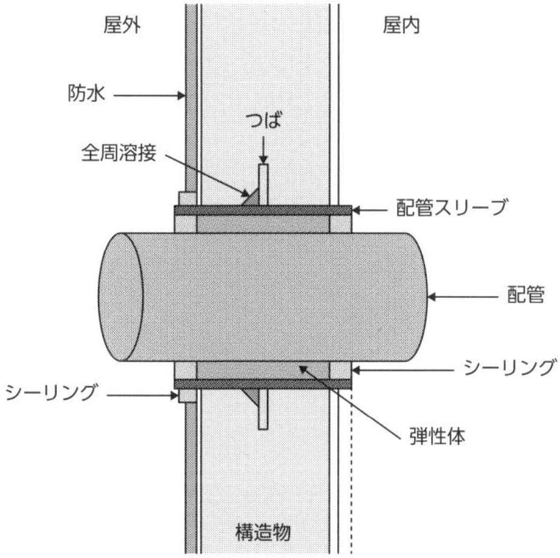

構造物貫通部の施工例

7｜配管の接合

給水装置工事の施工の良否において、配管の接合は極めて重要であり、管種、使用する継手、施工環境及び施工技術等を考慮し、最も適当と考えられる接合方法及び工具を選択しなければならない。接合方法は、使用する管種ごとに種々あり、主なものは次のとおりである。また、以下に示す接合方法以外にも、近年、新しい技術等の接合が開発、採用されている。

1．ライニング鋼管

・ライニング鋼管の接合は、ねじ接合が一般的である。
・使用するねじの規格としては、JIS B 0203「管用テーパねじ」が定められている。
・管の切断は、自動金のこ盤（帯のこ盤、弦のこ盤）、ねじ切り機に搭載された自動丸のこ機等を使用して、管軸に対して直角に切断する。管に悪影響を及ぼすパイプカッターやチップソーカッター、ガス切断、高速砥石は使用しないこと。
・硬質塩化ビニルライニング鋼管のねじ継手に外面樹脂被覆継手を使用する場合は、埋設の際、さらに防食テープを巻く等の防食処理等は不要である。

2．水道用ポリエチレン管の接合

・水道用ポリエチレン管の接合は、メカニカル式継手、EF（電気融着式）継手が用いられる。
・ポリエチレン二層管の接合（異種管接合を含む）は、ポリエチレン二層管専用の管種に適合した金属継手を使用し、使用継手ごとに適した方法により確実に行う。
・金属継手は、分解して、袋ナット、リングの順序で管に部品を通し、リングは割りのある方を袋ナット側に向けて接合する。

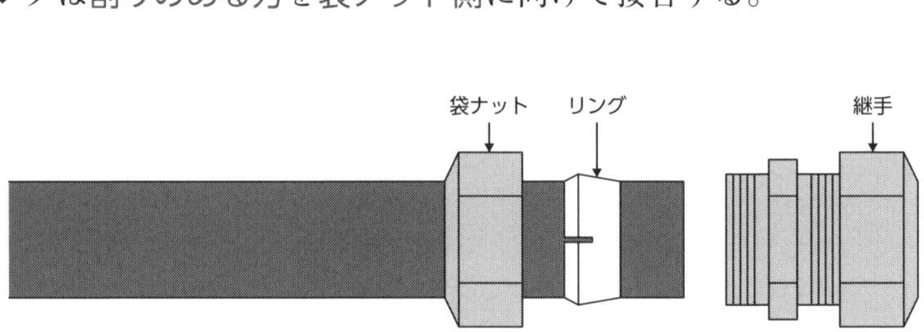

水道用ポリエチレン管の金属継手の接合

・水道用ポリエチレン管のEF継手による接合は、接合方法がマニュアル化され、かつEFコントローラによる最適融着条件が自動制御されるなどの特長がある。
・水道用ポリエチレン管のEF継手による接合は、管と継手が一体化されるため、異形管部分の離脱防止対策が不要である。
・水道用ポリエチレン管の融着作業中は、EF接続部に水が付着しないように、ポンプによる十分な排水、雨天時はテントによる雨よけ等の対策を講じる。

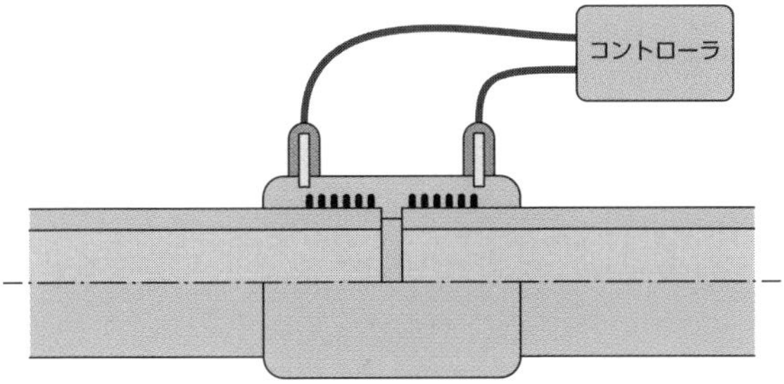

電気融着継手

・継手内部に埋めてあるニクロム線を電気により発熱させ、継手内面と管外面とを融着接合する。

3．架橋ポリエチレン管の接合

・継手には、メカニカル式継手と継手の本体に電熱線等の発熱体を埋め込んだ電気式熱融着継手がある。
・メカニカル式継手は、乳白色の単層管に使用し、電気式熱融着継手は、ライトグリーン色の二層管を使用する。
・電気式熱融着接合は、継手内部に埋めてあるニクロム線を電気により発熱させ、継手内面と管外面とを融着接合する。

水道博士のワンポイントアドバイス

架橋ポリエチレンとは、鎖状の高分子構造のポリエチレンを架橋することで、網目状の高分子構造にして物理的性質を向上させたものをいうぞ。

4．ポリブテン管の接合

・継手には、熱融着式継手、メカニカル式継手、EF（電気融着式）継手がある。
・熱融着式継手による接合は、温度管理等に熟練を要すが、接合面が完全に一体化し、信頼性の高い方法である。
・熱融着ヒーター接合は、加熱用ヒーターフェースで管の外面と継手の内面を加熱融着させて溶融した樹脂を接合する。

水道博士のワンポイントアドバイス

ヒーターで加熱する熱融着ヒーター接合は、ポリブテン管の接合に用いられ、ポリエチレン管の接合には用いられない。ポリエチレン管の接合には、継手に内蔵したニクロム線による電気式熱融着接合が用いられるのじゃ。また、ライニング鋼管には、融着接合は使用されないぞ。

5．硬質塩化ビニル管・耐衝撃性硬質塩化ビニル管の接合

・硬質ポリ塩化ビニル管の接合は、接着剤を用いたTS継手、ゴム輪を用いるRR継手を使用する。
・TS継手による接合は、接着剤を塗布後、直ちに継手に挿し込み、管の戻りを防ぐため、口径50mm以下は30秒以上、口径75mm以上

は60秒以上そのまま保持すること。
・TS継手による接合の接着剤の規格としては、JWWA S 101「水道用硬質塩化ビニル管の接着剤」、「耐熱性硬質塩化ビニル管用の接着剤」が定められている。
・TS継手による接合後の静置時間は十分に取り、この間は接合部分に引っ張り及び曲げの力を加えてはならない。

6．ステンレス鋼管の接合

・ステンレス鋼管の接合は、伸縮可とう式継手、プレス式継手等を使用する。
・伸縮可とう式継手は、埋設地盤の変動に対応できるように継手に伸縮可とう性を持たせたものであり、接合はワンタッチ方式が主である。
・プレス式継手による接合は、専用締付け工具を使用するもので、短時間に接合でき、高度な技術を必要としない方法である。

7．銅管の接合

・銅管の接合は、トーチランプまたは電気ヒーターによるはんだ接合とろう接合、プレス式接合がある。
・接合には、継手を使用する。ただし、口径25mm以下の給水管の直管部は、胴継ぎとすることができる。
・ろう接合とは、管の差込み部と継手受口との隙間にろうを加熱溶解して、毛細管現象により吸い込ませて接合する方法である。

水道博士のワンポイントアドバイス

胴継ぎとは、継手を用いずに、管と管を直接継ぐことをいうぞ。

8．ダクタイル鋳鉄管の接合

・ダクタイル鋳鉄管の継手は、メカニカル式継手、プッシュオン継手等がある。

・ダクタイル鋳鉄管の接合形式には、K形、T形、NS形、GX形等がある。

・ダクタイル鋳鉄管の接合に使用する滑剤は、継手用滑剤に適合するものを使用し、グリース等の油剤類は絶対に使用しない。

・ダクタイル鋳鉄管のNS形及びGX形継手は、大きな伸縮余裕、曲げ余裕をとっているため、管体に無理な力がかかることなく継手の動きで地震の変動に適応することができる。

水道博士のワンポイントアドバイス

ダクタイルとは、延性があるという意味じゃ。ダクタイル鋳鉄とは、組織中の黒鉛を球状化することにより延性を高めた鋳鉄をいうぞ。ダクタイル鋳鉄管は、配水管などの圧力配管に用いられるのじゃ。

8｜給水装置工事の現場管理

1．道路工事

・道路工事にあたっては、交通の安全等について道路管理者及び所轄警察署長と事前に相談しておく。

・下水道、ガス、電気、電線等の地下埋設物の近くを掘削する場合は、埋設物の管理者の立ち会いを求める。

・掘削に当たっては、工事場所の交通安全などを確保するために保安設備を設置し、必要に応じて保安要員（交通誘導員等）を配置する。

・掘削深さが1.5mを超える場合は、切取り面がその箇所の土質に見合った勾配を保って掘削できる場合を除き土留工を施す。

・掘削深さが1.5m以内であっても自立性に乏しい地山の場合は、施工の安全性を確保するため適切な勾配を定めて断面を決定するか、または土留工を施すこと。

・工事の施行によって生じた建設発生土、建築廃棄物等は、「廃棄物の処理及び清掃に関する法律」その他の規定に基づき、工事施行者が責任をもって適正かつ速やかに処理する。

・給水装置工事の施行中に万一不測の事故等が発生した場合に備え、工事に際しては、あらかじめ所轄警察署等の連絡先を、工事従事者に周知徹底をしておく。

2．検査

・給水装置工事主任技術者は、竣工図等の書類検査または現地検査により、給水装置が構造・材質基準に適合していることを確認すること。

・給水装置の使用開始前に管内を洗浄するとともに、通水試験、耐圧試験及び水質試験（残留塩素測定等）を行うこと。

・機能検査として、通水した後、各給水用具からそれぞれ放流し、メーター経由の確認及び給水用具の吐水口、動作状態などについて確認する。

・耐圧試験として、一定の水圧による耐圧試験で、漏水及び抜けなどのないことを確認する。試験水圧は原則として1.75MPaとすることが望ましい。

・水質検査として、次表のとおり、残留塩素等の確認を行うこと。

項目	判定基準
残留塩素（遊離）	0.1mg/L以上
臭気	観察により異常でないこと
味	観察により異常でないこと
濁り	観察により異常でないこと
色	観察により異常でないこと

水道博士のワンポイントアドバイス

通水確認は、主たる給水用具からだけではなく、各給水用具から放流して行う必要があるぞ。

9｜給水装置の維持管理

給水装置は需要者に直接、水を供給する施設でありその維持管理の適否は供給水の保全に重大な影響を与えることから水が汚染し、または漏れないように的確に管理を行うことが重要である。また、給水装置は、年月の経過に伴う材質の劣化等により故障、漏水等の事故が発生することがある。事故を未然に防止するため、または最小限に抑えるためには維持管理を的確に行うことが重要である。

給水装置は、需要者等が注意をもって管理すべきものであり、維持管理について需要者等に対して適切な情報提供を行うことが重要である。

給水装置の維持管理に関する事項は、次のとおりである。

1．維持管理者

配水管からの分岐以降水道メーターまでの間で、水道事業者が無料で漏水修繕する範囲は、水道事業者ごとに定められており、水道事業者によって異なる。

水道メーターの下流側から末端給水用具までの間の維持管理は、すべて需要者の責任である。適正に施工された給水装置であっても、その後の維持管理の適否は安全な水の供給に大きな影響を与えるため、給水装置工事主任技術者は、給水装置の維持管理について需要者に対して適切な情報提供を行う。また、給水装置工事主任技術者は、給水用具の故障の問い合わせがあった場合は現地調査を行い、需要者が修繕できるもの、指定給水装置工事事業者ができるもの、製造業者でないとできないものかを見極め、需要者に情報提供を行う。

2．給水管内の異物

給水管に亜鉛めっき鋼管が使用されていると、内部にスケール（赤錆）が発生しやすく、年月を経るとともに給水管断面が小さくなるので出水不良を起こすことがある。水道水が赤褐色になる場合は、鋳鉄管、鋼管の錆が流速の変化、流水の方向変化等により流出したものである。

配水管の工事等により断水した場合、通水の際の水圧によりスケール等が水道メーターのストレーナに付着し出水不良となることがあるので、このような場合はストレーナを清掃する必要がある。また、配水管工事の際に水道水に砂や鉄粉が混入した場合は、給水用具を損傷することもあるので、メーターを取り外して、管内からこれらを除去しなければならない。

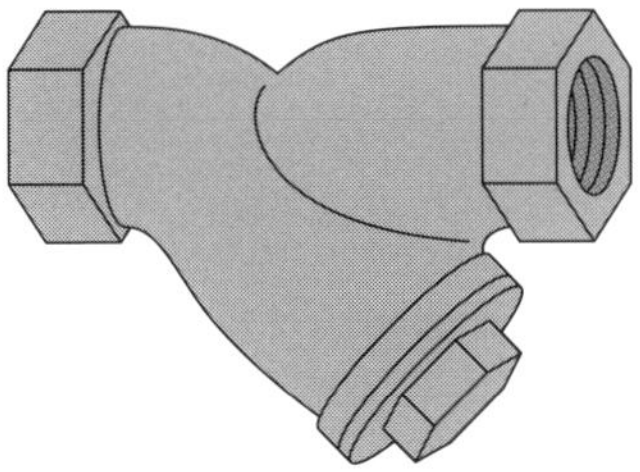

ストレーナ

水道博士のワンポイントアドバイス

ストレーナとは、金網などで流水中の異物をろ過する濾《こ》し器をいうのじゃ。

3．水質の異常

埋設管が外力によってつぶれ、小さな孔があいてしまった場合、給水時にエジェクタ作用（噴出水による吸引作用）により、この孔から外部の汚水や異物を吸引することがある。これらの原因で、末端給水装置から供給された水道水の水質に関して異常があった場合には、指定給水装置工事事業者は、水道事業者に連絡し、原因を追究するとともに、適切な対策を講じなければならない。

10 | 注意すべき給水装置工事

1．さや管ヘッダ工法

さや管ヘッダ工法とは、樹脂製のさや管の中に給水管を通す二重構造の配管方式で、さや管内の給水管の引き替えが容易にできる特長を有している。さや管ヘッダ工法で使用する給水管としては、主に架橋ポリエチレン管、ポリブテン管が使用されている。床下にヘッダを設置し、床に点検口を設けて点検できるようにするのが一般的である。

2．水道直結式スプリンクラー設備

水道直結式スプリンクラー設備とは、自動消火設備であるスプリンクラーを給水装置に直結したものをいう。水道直結式スプリンクラー設備に関する留意事項は、次のとおりである。

- 水道直結式スプリンクラー設備は、消防法令適合品を使用するとともに、給水装置の構造及び材質の基準に適合した給水管、給水用具であること。また、設置される設備は給水装置の構造及び材質の基準に適合していること。
- 水道直結式スプリンクラー設備の工事は、水道法に定める給水装置工事として指定給水装置工事事業者が施工する。
- 水道直結式スプリンクラー設備の設置にあたり、分岐する配水管からスプリンクラーヘッドまでの水理計算及び給水管・給水用具の選定は、消防設備士が行う。
- 乾式配管による水道直結式スプリンクラー設備は、給水管の分岐から電動弁までの間の停滞水をできるだけ少なくするため、給水管分岐部と電動弁との間を短くすることが望ましい。
- 湿式配管による水道直結式スプリンクラー設備は、停滞水の発生を防止するため、末端給水栓までの配管途中にスプリンクラーを設置する。
- 災害その他正当な理由によって、一時的な断水や水圧低下等により水道直結式スプリンクラー設備の性能が十分発揮されない状況が生じても水道事業者に責任がない。

水道博士のワンポイントアドバイス

乾式配管とは、常時充水されていない配管をいい、湿式配管とは、通常充水されている配管をいうぞ。

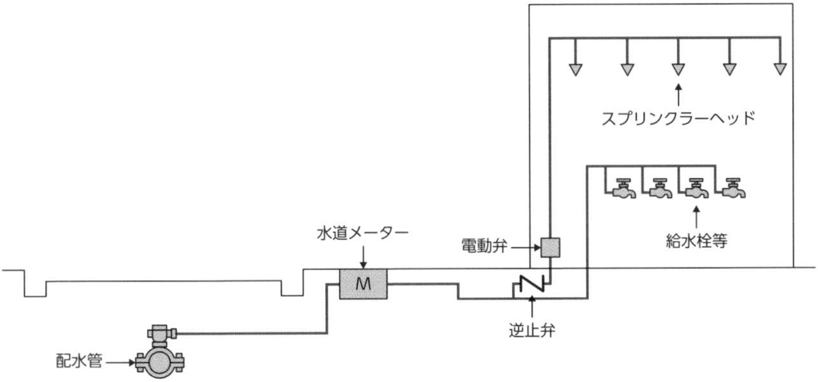

水道直結式スプリンクラー設備の例（乾式）

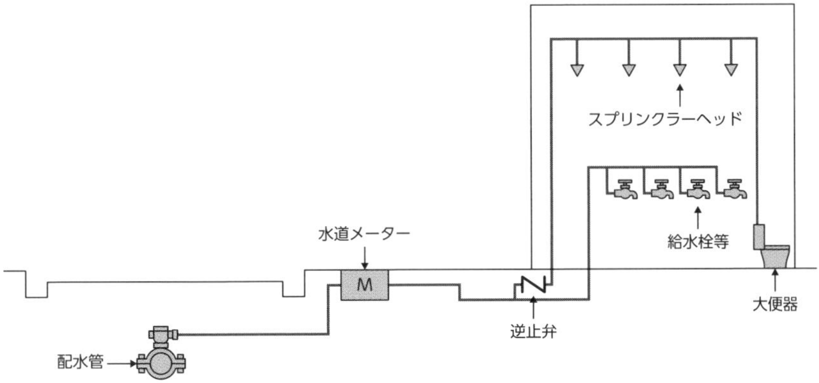

水道直結式スプリンクラー設備の例（湿式）

ここが頻出だ！

- 水道直結式スプリンクラー設備の設置にあたり、分岐する配水管からスプリンクラーヘッドまでの水理計算及び給水管、給水用具の選定は、消防設備士が行う。
- 乾式配管による水道直結式スプリンクラー設備は、給水管の分岐から電動弁までの間の停滞水をできるだけ少なくするため、給水管分岐部と電動弁との間を短くすることが望ましい。

重要ポイントを覚えよう！

1 □ 給水管の取出しは配水管の直管部からとし、異形管及び継手からは取り出してはならない。

2 □ 硬質ポリ塩化ビニル管及びポリエチレン二層管に分水栓を取り付ける場合は、配水管の折損防止のためサドル付分水栓を使用する。

3 □ 不断水分岐作業の終了後は、水質確認（残留塩素、におい、色、濁り、味）を行う。

4 □ 穿孔作業は、刃先が管面に接するまでハンドルを静かに回転させて穿孔を開始し、最初はドリルの芯がずれないようにゆっくりとドリルを下げる。

5 □ 給水管の埋設深さは、道路部分にあっては 1.2m を超えること。

6 □ 浅層埋設の適用対象となる管種及び口径の場合は、車道部は舗装の厚さ（路面から下層路盤底面まで）に 0.3m を加えた値（当該値が 0.6m に満たない場合は 0.6m）以下としない。

7 □ 水道メーターは、一般的に地中に設置するが、家屋の増改築等によって検針や取替えに支障を生ずる場合には地上に設置する。地上に設置する場合は、損傷、凍結等に対して配慮する必要がある。

8 □ 宅地内の主配管は、家屋の基礎の外回りに布設することを原則とし、スペースなどの問題でやむを得ず構造物の下を通過させる場合は、さや管を設置しその中に配管する。

9 □ 給水管は、露出配管する場合は管内水圧に対し、地中埋設する場合は管内水圧及び土圧、輪荷重その他の外圧に対し十分な強度を有していることが必要である。

10 □ 地震力に対応するためには、分岐部や埋設深度が変化する部分及び地中埋設配管から建物内の配管との接続部にも、伸縮可とう性のある管や継手を使用することが望ましい。

11 □ 給水管の埋設に当たっては、他の埋設物より30cm 以上の間隔を確保する。

12 □ 給水管を施工上やむを得ず曲げ加工して配管する場合、曲げ配管が可能な材料としては、ステンレス鋼管、銅管、ポリエチレン二層管等がある。

13 □ ステンレス鋼管の伸縮可とう式継手は、埋設地盤の変動に対応できるように継手に伸縮可とう性を持たせたものであり、接合はワンタッチ方式が主である。

14 □ 給水管は将来の取替え、漏水修理等の維持管理を考慮し、できるだけ直線に配管する。

15 □ 地階あるいは 2 階以上に配管する場合は、原則として各階ごとに止水栓を設置する。

16 □ 水路の上越し部、鳥居配管となっている箇所等、空気溜りを生じるおそれがある場所にあっては空気弁を設置する。

17 □ 給水装置工事は、いかなる場合でも衛生に十分注意し、工事の中断時または一日の工事終了後には、管端にプラグ等で栓をし、汚水等が流入しないようにする。

18 □ ライニング鋼管の切断は、自動金のこ盤やねじ切り機に搭載された自動丸のこ機などを使用して、管軸に対し直角に切断する。管に悪影響を及ぼすパイプカッターやチップソーカッター、ガス切断、高速砥石は使用しない。

19 □ ライニング鋼管の接合において、埋設の際に、管端防食継手の外面を合成樹脂で覆った外面樹脂被覆継手を使用する場合は、さらに防食テープを巻く等の防食処理等を施す必要はない。

20 □ 水道配水用ポリエチレン管の EF 継手による接合は、接合方法がマニュアル化され、かつ EF コントローラによる最適融着条件が自動制御されるなどの特長がある。また、異形管部分の離脱防止対策が不要である。

21 □ 硬質ポリ塩化ビニル管の TS 接合は、接合後の静置時間を十分に取り、この間は接合部に引っ張り及び曲げの力を加えてはならない。

22 □ ダクタイル鋳鉄管の接合に使用する滑剤は、継手用滑剤に適合するものを使用し、グリース等の油剤類は絶対に使用しない。

23 □ 配水管からの分岐以降水道メーターまでの間で、水道事業者が無料で漏水修繕する範囲は、水道事業者ごとに定められている。

24 □ 水道メーターの下流側から末端給水用具までの間の維持管理は、すべて需要者の責任である。

25 □ 適正に施工された給水装置であっても、その後の維持管理の適否は安全な水の供給に大きな影響を与えるため、給水装置工事主任技術者は、給水装置の維持管理について需要者に対して適切な情報提供を行う。

26 □ 給水管に亜鉛めっき鋼管が使用されていると、内部にスケール（赤錆）が発生しやすく、年月を経るとともに給水管断面が小さくなるので出水不良を起こすことがある。

27 □ 配水管の工事等により断水した場合、通水の際の水圧によりスケール等が水道メーターのストレーナに付着し出水不良となることがあるので、このような場合はストレーナを清掃する。

28 □ さや管ヘッダ工法では、床下にヘッダを設置し、床に点検口を設けて点検できるようにするのが一般的である。

29 □ 水道直結式スプリンクラー設備の工事は、水道法に定める給水装置工事として指定給水装置工事事業者が施工する。

30 □ 水道直結式スプリンクラー設備の設置にあたり、分岐する配水管からスプリンクラーヘッドまでの水理計算及び給水管、給水用具の選定は、消防設備士が行う。

31 □ 乾式配管による水道直結式スプリンクラー設備は、給水管の分岐から電動弁までの間の停滞水をできるだけ少なくするため、給水管分岐部と電動弁との間を短くすることが望ましい。

32 □ 災害その他正当な理由によって、一時的な断水や水圧低下によりスプリンクラー設備の性能が十分発揮されない状況が生じても水道事業者に責任がない。

！ こんな選択肢に注意！

サドル付分水栓を取付ける前に、弁体が~~全開~~状態になっているか、パッキンが正しく取り付けられているか、塗装面やねじ等に傷がないか等を確認する。

サドル付分水栓を取付ける前に、弁体が全開状態になっているか、パッキンが正しく取り付けられているか、塗装面やねじ等に傷がないか等を確認する。

給水管を施工上やむを得ず曲げ加工して配管する場合、曲げ配管が可能な材料としては、~~ライニング鋼管~~、銅管、ポリエチレン二層管がある。

給水管を施工上やむを得ず曲げ加工して配管する場合、曲げ配管が可能な材料としては、ステンレス鋼管、銅管、ポリエチレン二層管がある。

さや管ヘッダ工法で使用する給水管としては、主に~~ポリエチレン二層管~~が使用されている。

さや管ヘッダ工法で使用する給水管としては、主に架橋ポリエチレン管やポリブテン管が使用されている。

水道メーターは、メーターの損傷、凍結等のおそれがないよう地中に設置~~しなければならないので、検針や取替えに支障を生じないようにする~~。

水道メーターは、メーターの損傷、凍結等のおそれがないよう地中に設置するのが一般的だが、増改築等により検針や取替えに支障が生じる場合、場所によっては地上に設置する。

配水管工事の際に水道水に砂や鉄粉が混入した場合、給水用具を損傷することもあるので、~~給水栓~~を取り外して、管内からこれらを除去しなければならない。

配水管工事の際に水道水に砂や鉄粉が混入した場合、給水用具を損傷することもあるので、メーターを取り外して、管内からこれらを除去しなければならない。

水道直結式スプリンクラーは水道法の適用を受けることから、分岐する配水管からスプリンクラーヘッドまでの水理計算及び給水管、給水用具の選定は、~~給水装置工事主任技術者~~が行う。

水道直結式スプリンクラーは水道法の適用を受けることから、分岐する配水管からスプリンクラーヘッドまでの水理計算及び給水管、給水用具の選定は、消防設備士が行う。

第7章

給水装置の概要

第7章　給水装置の概要

出題のポイント

給水装置の概要の分野からは毎年15問出題される。給水装置の概要は、給水管と給水用具から構成される給水装置について、給水管や栓、弁、メーター、湯沸器、浄水器などの給水用具に関する事項が出題される。

1 ｜給水装置

給水装置について、給水装置の定義、給水装置の要件、給水装置工事の費用負担に関する事項は、次のとおりである。

1．給水装置の定義

給水装置とは、水道法により「この法律において『給水装置』とは、需要者に水を供給するために水道事業者の施設した配水管から分岐して設けられた給水管及びこれに直結する給水用具をいう。」と定義されている。

なお、需要者が、他の所有者の給水装置から分岐承諾を得て設けた給水管及び給水用具も、給水装置に該当する。

一方、ビルなどで一旦水道水を受水槽に受けて給水する場合には、配水管から分岐して設けられた給水管から受水槽への注入口までが給水装置であり、受水槽以下は給水装置に該当しない。

また、水道法で定義している「直結する給水用具」とは、給水管に容易に取外しのできない構造として接続し、有圧のまま給水できる給水栓等の給水用具をいう。したがって、ホース等で、容易に取外しの可能な状態で接続される器具は含まれない。

ここが頻出だ！

- 給水装置は、水道事業者の施設である配水管から分岐して設けられた給水管及びこれに直結する給水用具によって構成される。なお、需要者が、他の所有者の給水装置から分岐承諾を得て設けた給水管及び給水用具も、給水装置に当たる。

● 水道法で定義している「直結する給水用具」とは、給水管に容易に取外しのできない構造として接続し、有圧のまま給水できる給水栓等の給水用具をいい、ホース等で、容易に取外しの可能な状態で接続される器具は含まれない。

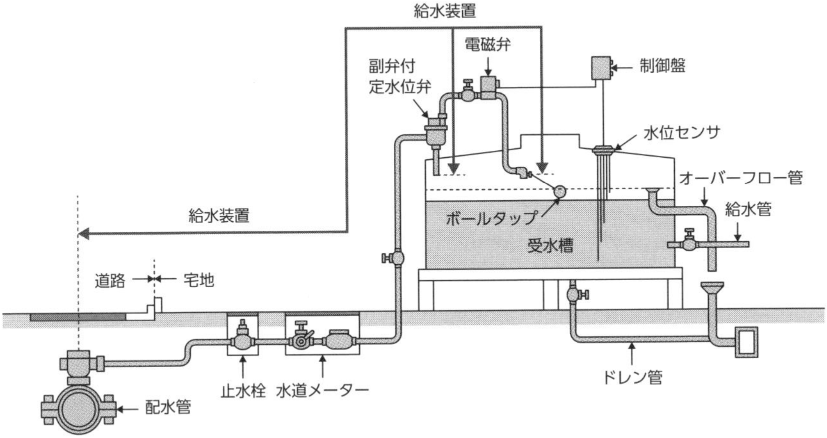

給水装置の例

2．給水装置の要件

給水装置は、当該給水装置以外の水管や給水用具でない設備に接続しないこと、ふろなどの水受け容器に給水する場合は給水管内への水の逆流を防止する措置を講じること、材質が水道水の水質に影響を及ぼさないこと、内圧・外圧に対し十分な強度を有していること等が必要である。

ここが頻出だ！

● 給水装置は、当該給水装置以外の水管などに接続しないこと、水受け容器に給水する場合は給水管内への水の逆流を防止する措置を講じること、材質が水道水の水質に影響を及ぼさないこと、内圧・外圧に対して十分な強度を有していること等が必要である。

水道博士のワンポイントアドバイス

問答無用！ 給水装置は、給水装置以外と接続してはならんのじゃ！

2 | 給水装置工事

給水装置工事に関する事項は、次のとおりである。

1．給水装置工事の定義

給水装置工事とは、水道法により「この法律において『給水装置工事』とは、給水装置の設置又は変更の工事をいう。」と定義されている。したがって、給水装置工事には、給水装置の新設、改造、修繕及び撤去の工事のすべてが含まれる。給水装置工事のうち改造工事とは、水道事業者が事業運営上施行した配水管の新設及び移設工事等に伴い、給水管の付替えあるいは布設替え等を行う工事のほか、水道メーター位置変更工事等が挙げられる。

2．給水装置工事の要件

給水装置工事は、水道施設を損傷しないこと、設置された給水装置に起因して需要者への給水に支障を生じないこと、水道水質の確保に支障を生じ公衆衛生上の問題が起こらないこと等の観点から、給水装置の構造及び材質の基準に適合した適正な施行が必要である。

ここが頻出だ！

- **給水装置工事は、**水道施設を損傷しない**こと、設置された給水装置に起因して需要者への**給水に支障を生じない**こと、**水道水質の確保に支障を生じない**こと等の観点から、**給水装置の構造及び材質の基準**に適合した適正な施行が必要である。**

3．給水装置工事の施行者の指定と供給条件

水道法では、水道事業者は、給水装置工事を適正に施行できると認められる者の指定をすることができ、この指定をしたときは、水の供給を受ける者の給水装置が水道事業者または指定を受けた者の施行した給水装置工事に係るものであることを供給条件とすることができるとされている。

ここが頻出だ！

- **水道法では、水道事業者は、給水装置工事を適正に施行できると認められる者の指定をすることができ、この指定をしたときは、水の供給を受ける者の給水装置が水道事業者または指定を受けた者の施行した給水装置工事に係るものであることを供給条件とすることができるとされている。**

4．給水装置工事の費用負担

水道法により、水道事業者は供給規程を定めることになっており、この供給規程では、給水装置工事の費用については、原則として、当該給水装置の新設、撤去、改造、修繕の費用については、需要者が負担することとしている。

3｜給水管

給水管には、材質により分類された、硬質塩化ビニルライニング鋼管、ステンレス鋼管、銅管、ダクタイル鋳鉄管、硬質ポリ塩化ビニル管、ポリエチレン二層管、架橋ポリエチレン管、ポリブテン管などの管種が使用される。給水管に用いられる各管種に関する事項は、次のとおりである。

1．硬質塩化ビニルライニング鋼管

硬質塩化ビニルライニング鋼管は、鋼管の内面に硬質塩化ビニルをラ

イニングした管で、機械的強度が大きく、耐食性に優れている。

硬質塩化ビニルライニング鋼管の耐熱性を向上させたものが、耐熱性硬質塩化ビニルライニング鋼管である。この管の用途は、給湯・冷温水などであり、連続使用許容温度は85°C以下である。

硬質塩化ビニルライニング鋼管の切断及びねじ切りに当たっては、ライニングされた塩化ビニル部分への局部加熱を避けることや内面にかえりが出ないようにする必要がある。

2．ステンレス鋼管

ステンレス鋼管は、鋼管と比べると特に耐食性に優れている。また、強度的に優れ、軽量化しているので取扱いが容易である。ステンレス鋼管を加工した波状ステンレス鋼管は、変位吸収性を有しているため、耐震性に富むとともに、波状部において任意の角度を形成でき、継手が少なくてすむ等の配管施工の容易さを備えている。

ここが頻出だ！

● **波状ステンレス鋼管は、変位吸収性を有しているため、耐震性に富むとともに、波状部において任意の角度を形成でき、継手が少なくてすむ等の配管施工の容易さを備えている。**

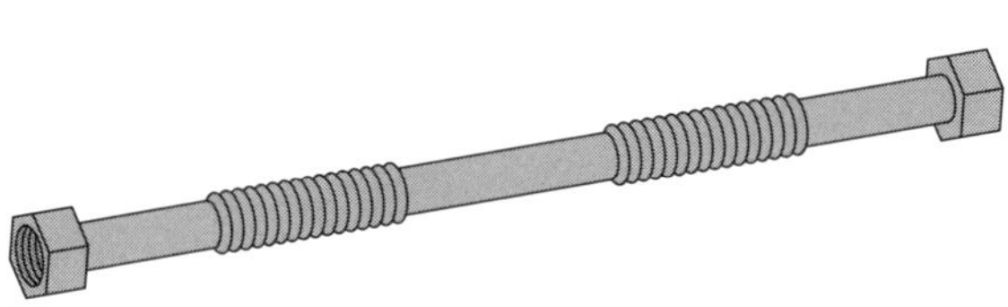

波状ステンレス鋼管の例

3．銅管

銅管は、アルカリに侵されず、スケールの発生も少ない。また、耐食性に優れているため肉薄化しているので、軽量で取扱いが容易である。

しかし、遊離炭酸が多い水には適さない。軽量で柔軟性があり、耐寒性能があることから寒冷地の配管に多く使われている。

銅管には、硬質銅管と軟質銅管がある。軟質銅管は現場での手曲げ加工が可能であるが、硬質銅管は現場での手曲げ配管には適していない。

4．ダクタイル鋳鉄管

ダクタイル鋳鉄とは、鋳鉄内部の黒鉛を球状化することにより、延性を向上させた鋳鉄をいう。ダクタイル鋳鉄を用いたダクタイル鋳鉄管は、配水管などに使用される。ダクタイル鋳鉄管の接合は、伸縮可とう性があり、管が地盤の変動に適応することができる形式のものが用いられる。

5．硬質ポリ塩化ビニル管

硬質ポリ塩化ビニル管は、難燃性であるが、熱及び衝撃に比較的弱い。管に傷がつくと破損し易くなるため、外傷を受けないよう取り扱う必要がある。

耐熱性硬質ポリ塩化ビニル管は、硬質塩化ビニル管の耐熱性を向上させたもので、90℃以下の給湯配管に使用できる。この管は、金属管と比べ温度による伸縮量が大きいため、配管方法等によってその伸縮を吸収する必要がある。

また、硬質ポリ塩化ビニル管は、有機溶剤、ガソリン、灯油等に接すると、管に浸透し、管の軟化・劣化や水質事故を起こすことがあるので、これらの物質と接触させてはならない。

6．架橋ポリエチレン管

架橋ポリエチレンとは、高分子であるポリエチレン分子を架橋反応させることにより、分子構造を網目構造とすることで、物理的性質を改善させたポリエチレンをいう。架橋ポリエチレンを用いた配管を架橋ポリエチレン管という。

架橋ポリエチレン管は、耐熱性、耐寒性及び耐食性に優れ、軽量で柔軟性に富んでおり、管内にスケールが付きにくく、流体抵抗が小さい等の特長を備えており、さや管ヘッダ工法や先分岐工法において使用されている。

架橋ポリエチレン管は、有機溶剤、ガソリン、灯油等に接すると、管に浸透し、管の軟化・劣化や水質事故を起こすことがあるので、これらの物質と接触させてはならない。

7．ポリエチレン二層管

ポリエチレン二層管とは、材質と性質の異なるポリエチレンにより、二層構造になっている配管をいう。ポリエチレン二層管は、有機溶剤、ガソリン、灯油等に接すると、管に浸透し、管の軟化・劣化や水質事故を起こすことがあるので、これらの物質と接触させてはならない。

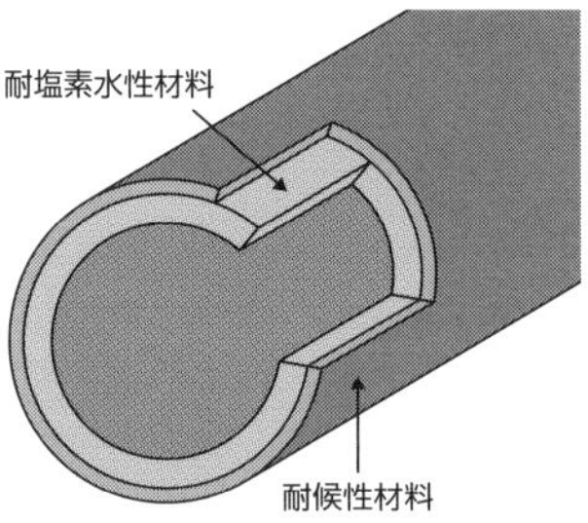

ポリエチレン二層管

8．ポリブテン管

ポリブテン管は、高温時でも高い強度を持ち、しかも金属管に起こりやすい浸食もないので温水用配管に適している。なお、この管は、架橋ポリエチレン管に比べ、管に傷がつきやすく、運搬や施工に際して取扱いに注意が必要である

ポリブテン管は、有機溶剤、ガソリン、灯油等に接すると、管に浸透し、管の軟化・劣化や水質事故を起こすことがあるので、これらの物質と接触させてはならない。

4｜給水管の接合・継手

給水管に使用される管種と接合に用いられる主な継手は、次のとおりである。

管　種	主な継手
硬質塩化ビニルライニング鋼管	管端防食継手
ステンレス鋼管	伸縮可とう式継手 プレス式継手
銅管	ろう付・はんだ付継手 プレス式継手
ダクタイル鋳鉄管	メカニカル式継手 プッシュオン継手 フランジ継手
硬質ポリ塩化ビニル管	接着剤による TS 継手 ゴム輪による RR 継手
ポリエチレン二層管	金属継手
水道配水用ポリエチレン管	メカニカル式継手 EF（電気融着式）継手
架橋ポリエチレン管	メカニカル式継手 EF（電気融着式）継手
ポリブテン管	メカニカル式継手 EF（電気融着式）継手 熱融着式継手

ここが頻出だ！

- 硬質塩化ビニルライニング鋼管のねじ接合には、管端防食継手を使用しなければならない。
- 架橋ポリエチレン管の主な継手には、メカニカル式継手と EF（電気融着式）継手がある。

1．管端防食継手

硬質塩化ビニルライニング鋼管の端部（管端という）の腐食を防止する機能を有する継手をいう。

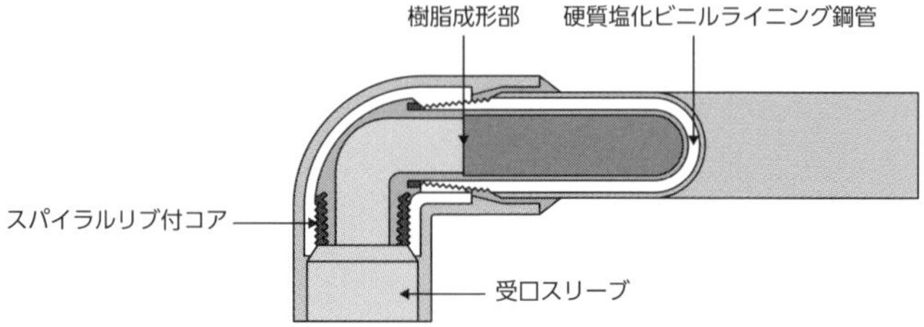

硬質塩化ビニルライニング鋼管と管端防食継手の例

2．ダクタイル鋳鉄管の異形管防護

ダクタイル鋳鉄管の接合形式には、伸縮可とう性があり、管が地盤の変動に適応できるが、異形管の接合箇所には、原則として管防護を必要とする。異形管とは、曲がりや分岐など直管以外の管をいう。

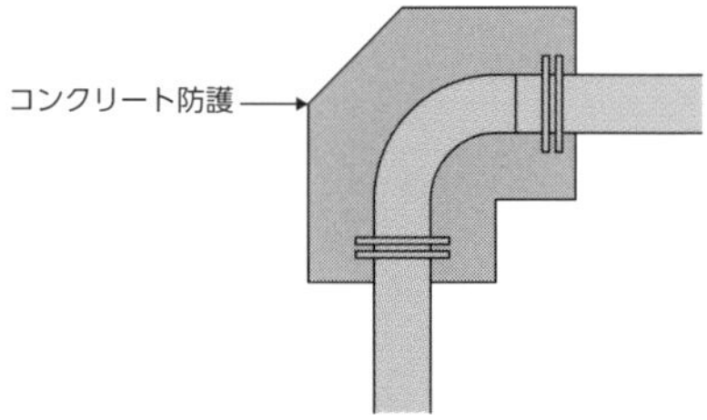

ダクタイル鋳鉄管の異形管防護の例（コンクリート防護）

5｜水道メーター

水道メーターは、許容流量範囲を超えて水を流すと、正しい計量ができなくなるおそれがあるため、適正使用流量範囲、瞬時使用の許容流量等に十分留意して水道メーターの呼び径を決定する必要がある。また、水道メーターは多くの種類があり、水道事業者により使用する形式が異なるため、設計にあたってはあらかじめこれらを確認する必要がある。

水道メーターに関する事項は、次のとおりである。

ここが頻出だ！

● **水道メーターは、各水道事業者により使用する型式が異なるため、設計にあたっては、あらかじめこれらを確認する必要がある。**

1．計量法の検定

水道メーターは、需要者が使用する水量を積算計量する計量器であり、計量法に定める特定計量器の検定に合格したものを設置しなければならない。水道メーターの検定有効期間は8年であるため、検定有効期間の8年以内に、検定に合格したメーターと交換しなければならない。

ここが頻出だ！

● **水道メーターは、計量法に定める特定計量器の検定に合格したものでなければならず、検定有効期限は8年であるため、その期間内に検定に合格したメーターと交換しなければならない。**

2．計量方式（容積式と流速式）

水道メーターの計量方式は、流れている水の流速を測定して流量に換算する流速式（推測式）と水の体積を測定する容積式（実測式）に分類され、我が国の水道メーターは、ほとんど流速式（推測式）が使用されている。

ここが頻出だ！

● **水道メーターの計量方式は、容積式と流速式に分類され、我が国で使用されている水道メーターは、ほとんどが流速式である。**

3．羽根車式水道メーター

水道メーターは、主に羽根車の回転数と通過水量が比例することに着目して計量する羽根車式が使用されている。

羽根車式のうちの軸流羽根車式水道メーターは、管状の器内に設置された流れに平行な回転軸をもつ螺旋状の羽根車を回転させて、積算計量するもので、たて形とよこ形の２種類に分けられる。

たて形軸流羽根車式水道メーターは、メーターケースに流入した水流が、整流器を通って、垂直に設置された螺旋状羽根車に沿って下方から上方に流れ､羽根車を回転させる構造となっている。水の流れがメーター内で迂流（迂回した流れ）するため、よこ形軸流羽根車式にくらべて損失水頭がやや大きい。

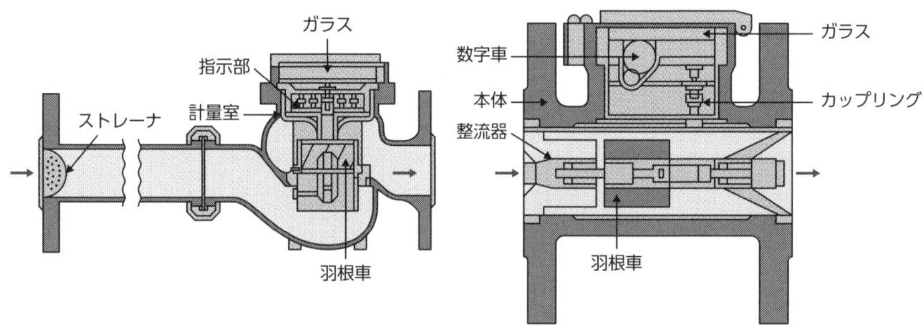

たて形軸流羽根車式水道メーター（左）とよこ形軸流羽根車式水道メーター（右）の例

4．電磁式水道メーター

電磁式水道メーターは、電磁誘導作用による起電力が流速に比例することを利用して計量する水道メーターで、給水管と同じ呼び径の直管で機械的可動部がないため耐久性に優れ、小流量から大流量まで広範囲な計測に適する。

5．計量部の構造（単箱式と複箱式）

水道メーターの計量部の構造は、単箱式と複箱式に分類される。

単箱式とは、メーターケース内に流入した水流を直接あたえる構造のものをいう。複箱式とは、メーターケースの中に別の計量室をもち、計量室内のノズルを介して羽根車に噴射水流をあたえる構造のものをいう。

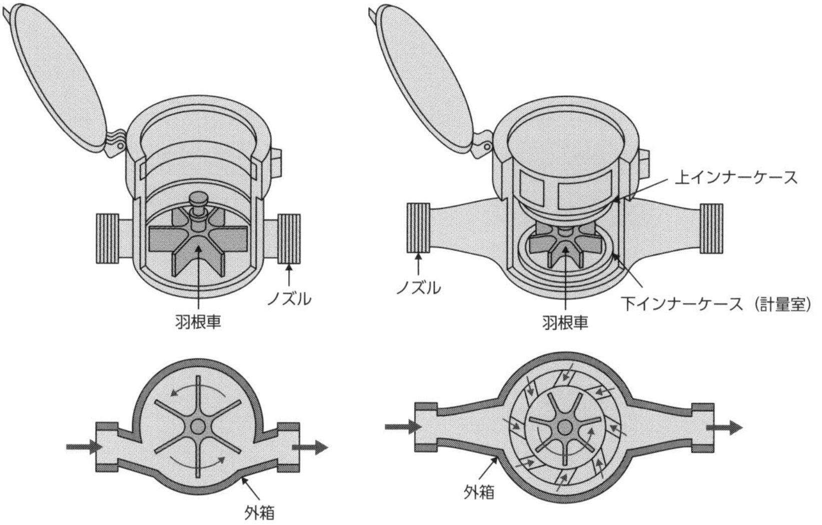

単箱式（左）と複箱式（右）の例

6．計量部の機能（正流式と可逆式）

水道メーターの計量部の機能は、正流式と可逆式に分類される。

正流式とは、正方向からの通過水量に限り計量する機能を有するものをいう。可逆式とは、正方向とともに逆方向からの通過水量を計量する機能を有するものをいい、正方向は加算、逆方向は減算する機能を有している。

7．指示伝達機構（機械式と電子式）

水道メーターの指示伝達機構は、機械式と電子式に分類される。

機械式とは、羽根車の回転を歯車装置により減速して指示機構に伝達し、通過水量を積算表示する方式をいう。電子式とは、羽根車に永久磁石を取り付けて、羽根車の回転を磁気センサで電気信号として検出し、集積回路により演算処理して、通過水量を液晶表示する方式をいう。

水道博士のワンポイントアドバイス

電磁式には、機械的可動部はない。電子式には、永久磁石を取り付けた羽根車、すなわち、機械的可動部がある。紛らわしいので気をつけよう。

8．指示部の形態（円読式と直読式）

水道メーターの指示部の形態は、計量値を指針によりアナログ表示する円読式と、計量値を数値によりデジタル表示する直読式に分類される。

9．遠隔指示装置

水道メーターの遠隔指示装置は、設置したメーターの指示水量をメーターから離れた場所で能率よく検針するために設けるものであり、発信装置（または記憶装置）、信号伝送部（ケーブル）及び受信器から構成される。中高層集合住宅や地下街などにおける検針の効率化、また積雪によって検針が困難な場合などに有効である。

ここが頻出だ！

- **水道メーターの遠隔指示装置は、設置したメーターの指示水量をメーターから離れた場所で能率よく検針するために設けるものである。**

6｜直結加圧形ポンプユニット

直結加圧形ポンプユニットとは、給水装置に設置して中高層建物に直接給水することを目的に開発されたポンプ設備で、必要な構成機器すべてをあらかじめ組み込んだユニット形式にしたものをいう。直結加圧形ポンプユニットは、通常、加圧ポンプ、制御盤、流水スイッチ、圧力タンク、逆流防止器などの機器で構成されている場合が多い。

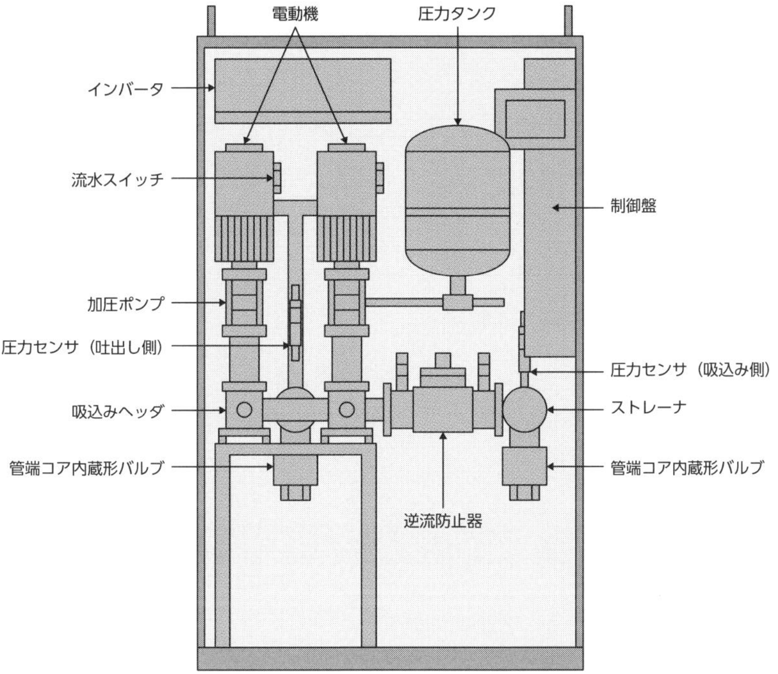

直結加圧形ポンプユニットの例

1．自動交互運転

通常、直結加圧形ポンプユニットは、ポンプを複数台設置し、1台が故障しても自動切換えにより、給水する機能や運転の偏りがないように自動的に交互運転する機能（自動交互運転機能）等を有している。

2．圧力タンク

直結加圧形ポンプユニットの圧力タンクは、圧力タンクの蓄圧機能により、ポンプの頻繁な発停を防止することを目的としたものであり、停電によりポンプが停止したときに水を供給するための機能は有していない。

水道博士のワンポイントアドバイス

直結加圧形ポンプユニットの圧力タンクは、停電時のバックアップ機能は有していない。したがって、停電してポンプが停止するとすぐに断水するぞ。

3．配水管の圧力変動・脈動防止

直結加圧形ポンプユニットは、始動・停止による配水管の圧力変動が小さく、ポンプ運転による配水管の圧力に脈動が生じないものを用いる必要がある。

7｜湯沸器

湯沸器とは、燃料の燃焼や電気、太陽熱などの熱源を用いて、水を加熱して湯を製造する給水用具をいう。

湯沸器には、貯湯部に圧力がかかる貯湯湯沸器、貯湯部が大気に開放されて水圧がかからない貯蔵湯沸器、水が細管を流れる間に加熱されて湯が製造される瞬間湯沸器、太陽熱を利用した集熱パネルを用いて水を加熱して湯を製造する太陽熱利用貯湯湯沸器などがある。概要は次のとおりである、

1．貯湯湯沸器

給水装置として取扱われる貯湯湯沸器は、ほとんどが貯湯部にかかる

圧力が 100kPa 以下で、かつ伝熱面積が 4m^2 以下の構造のもので、労働安全衛生法令に規定するボイラー及び小型ボイラーに該当しない簡易ボイラーといわれるものである。なお、貯湯湯沸器には、給水管に直結するものなので、減圧弁及び安全弁（逃し弁）の設置が必須である。

2．貯蔵湯沸器

貯蔵湯沸器は、ボールタップを備えた容器に貯水した水を、一定温度に加熱して給湯するものである。水圧がかからないため、湯沸器設置場所でしか湯を使うことができないという制限がある。

水道博士のワンポイントアドバイス

貯湯湯沸器は水圧あり、貯蔵湯沸器は水圧なし。貯湯と貯蔵の違い。ちょっとわかりにくいぞ。

3．瞬間湯沸器

瞬間湯沸器は、給湯に連動してガス通路を開閉する機構を備え、最高 85°C 程度まで上げることができるが、通常は 40°C 前後で使用される。

4．太陽熱利用貯湯湯沸器

太陽熱利用貯湯湯沸器には、太陽集熱装置系と上水道系が蓄熱槽内で別系統となっている二回路式と、太陽集熱装置系内に水道水が循環する水道直結式、シスターン式の3種類がある。シスターン式とは、内部にボールタップを有する小水槽（シスターン）の吐水口空間により、太陽集熱装置系と上水道系の縁が切れている方式をいう。

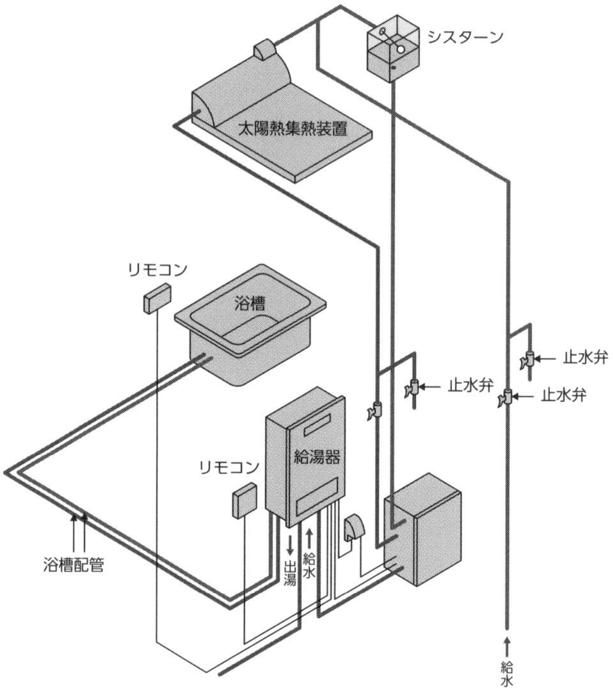

シスターン式太陽熱利用貯湯湯沸器の例

8 | 浄水器

浄水器は、水道水中の残留塩素などの溶存物質や濁度等の減少を主目的とした器具をいう。浄水器には、残留塩素や濁度を減少させることのほか、トリハロメタン等の微量有機物や鉛、臭気等を減少させる性能を持つ製品もある。なお、浄水器は、家庭用品品質表示法施行令によって、浄水器の材料、性能等の品質を表示することが義務付けられている。浄水器に関する事項は、次のとおりである。

1．給水用具となる浄水器

水道法第３条第９項の用語の定義において、「この法律において『給水装置』とは、需要者に水を供給するために水道事業者の施設した配水管から分岐して設けられた給水管及びこれに直結する給水用具をいう。」

と規定されている。浄水器が、水道法の条文上の給水用具に該当するか否かは次のとおりである

・浄水器のうち、水栓の流入側に取り付けられ常時水圧が加わるものは、すべて給水用具に該当する。
・浄水器のうち、水栓の流出側に取り付けられ常時水圧が加わらないもののうち、浄水器と水栓が一体として製造・販売されているもの（ビルトイン型またはアンダーシンク型）は給水用具に該当する。
・浄水器のうち、浄水器単独で製造・販売され、消費者が水栓の吐水口の先に取付けを行うもの（給水栓直結型及び据え置き型）は給水用具に該当しない。

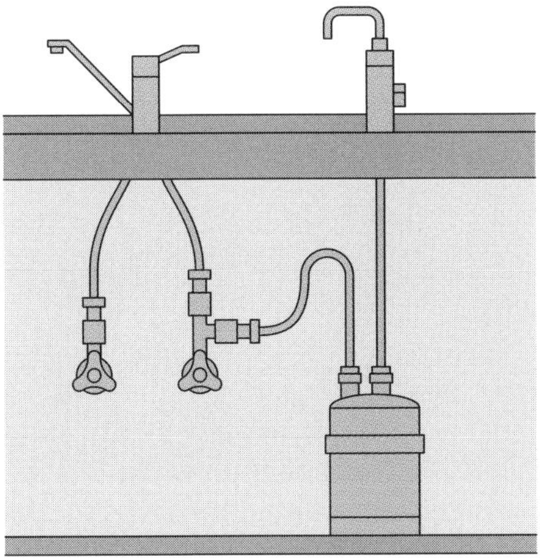

アンダーシンク型浄水器の例

水道博士のワンポイントアドバイス

給水用具に該当しない浄水器は、①水栓の先の常時水圧がかからない位置で、かつ、②消費者が取り付けるものしかないのじゃ。

2．濾過材

浄水器の濾過材は、一般に、ポリエチレン、ポリスルホン、ポリプロピレン等からできた中空糸膜を中心とした濾過膜が多用されているが、浄水器の濾過材はこれらに限定されるものではない。浄水器の濾過材のカートリッジは有効期限を確認し、適切に交換することが必要である。

水道博士のワンポイントアドバイス

中空糸膜とは、多孔質を有する薄膜をマカロニ状に成形した濾過膜をいうぞ。

9｜分水栓

分水栓とは、配水管から給水管を分岐し、取り出すための給水用具で、サドル付分水栓、割Ｔ字管等がある。

1．サドル付分水栓

サドル付分水栓は、配水管に取り付けるサドル機構と不断水分岐を行う止水機構を一体化した分水栓で、分岐口径は 13 ～ 50 mm（樹脂製）である。

2．割Ｔ字管

割Ｔ字管は、分割型のＴ字管と仕切弁が一体の構造の分水栓で、二つ割と三つ割がある。

10｜止水栓

止水栓とは、給水の開始、中止及び給水装置の修理等その他の目的で、給水を制限または停止するために使用する給水用具で、甲形止水栓、ボール式止水栓、仕切弁、玉形弁がある。

1．甲形止水栓

甲形止水栓は、止水部が落としこま構造（こまが置いてある）であり、水平に設置すると逆流防止機能があるが、損失水頭が大きい。また、流水抵抗によってこまパッキンが摩耗するので、止水できなくなるおそれがあり、定期的な交換が必要である。

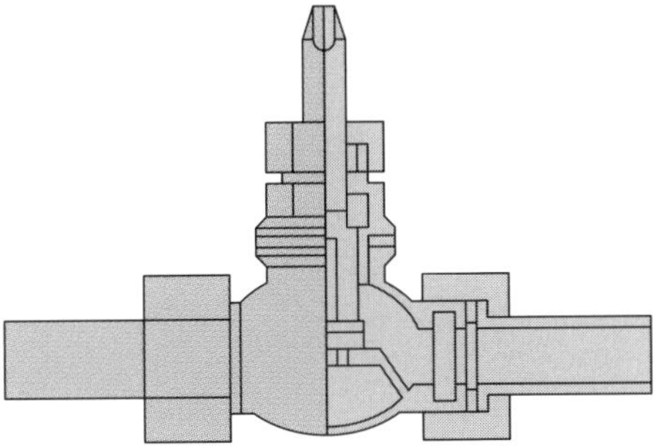

甲形止水栓の例

2．ボール止水栓

ボール止水栓は、弁体が球状で90°回転で全開、全閉することのできる構造であり、損失水頭は極めて小さい。

3．仕切弁

仕切弁は弁体が垂直に上下し、全開・全閉する構造であり、全開時の損失水頭は極めて小さい。

4．玉形弁

玉形弁は止水部が吊りこま構造（こまが吊られている）であり、弁部の構造から流れがＳ字形となるため損失水頭が大きい。

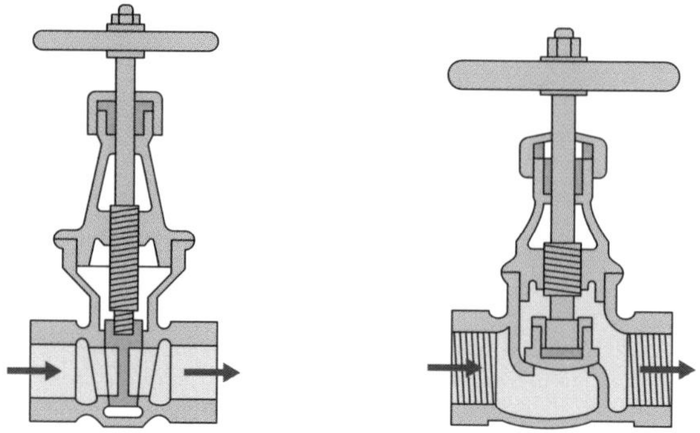

仕切弁（左）と玉形弁（右）の例

水道博士のワンポイントアドバイス

ボール止水栓と玉形弁、後述するボールタップは、たまたま、名称に、玉やボールがあるが、まったく別物じゃ。

11 ｜ボールタップ

ボールタップとは、水洗便器のロータンクや受水槽に給水する給水用具である。ボールタップは、フロートの上下によって自動的に弁を開閉する構造のもので、ボールタップには、一般形ボールタップ、ダイヤフラム式ボールタップ等がある。

1．一般形ボールタップ

一般形ボールタップはテコの構造によって単式と複式とに区分される。

2．ダイヤフラム式ボールタップ

ダイヤフラム式ボールタップは、圧力室内部の圧力変化を利用しダイヤフラムを動かすことにより吐水、止水を行うもので、止水が確実で、給水圧力の変動による止水位の変動が小さい。

水道博士のワンポイントアドバイス

ダイヤフラムとは、ゴム膜のような弾性のある薄膜のことをいう。ダイヤフラム式ボールタップは、止水が確実、要は尿漏れせずにぴたりと止まる。うらやましい限りじゃ。

12 ｜減圧弁

減圧弁とは、調整ばね、ダイヤフラム、弁体等の圧力調整機構によって、一次側の圧力が変動しても、二次側を一次側より低い一定圧力に保持する給水用具である。

13 ｜安全弁

安全弁とは、一次側の圧力が、あらかじめ設定された圧力以上になると、弁体が自動的に開いて過剰圧力を逃がし、圧力が所定の値に降下すると閉じる機能を持つ給水用具である。

14 ｜逆止弁

逆止弁は、逆圧による水の逆流を防止する給水用具であり、ばね式、リフト式、スイング式、ダイヤフラム式等がある。逆止弁を設置するにあたっては、流水方向の表示に注意するとともに、設置後の点検、取替え等を容易にするための配慮が必要である。

1．リフト式逆止弁

リフト式逆止弁は、弁体が弁箱または蓋に設けられたガイドによって弁座に対し垂直に作動し、弁体の自重で閉止の位置に戻る構造である。

２．スイング式逆止弁

スイング式逆止弁は、弁体がヒンジピンを支点にして自重で弁座面に圧着し、通水時に弁体が押し開かれ、逆圧によって自動的に閉止する構造のものである。

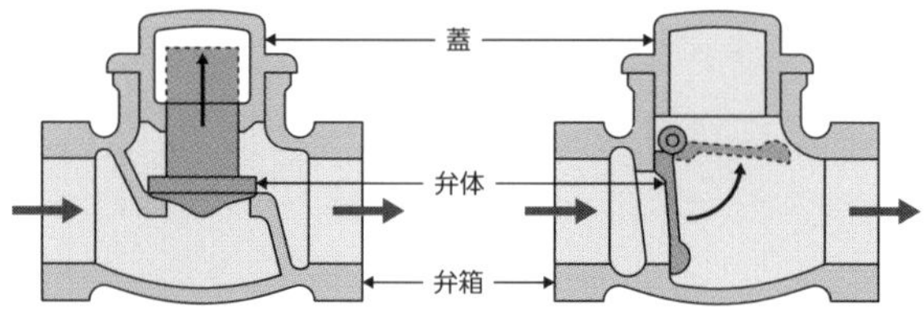

リフト式逆止弁（左）とスイング式逆止弁（右）の例

３．自重式逆止弁

自重式逆止弁は、一次側の流水圧で逆止弁体を押し上げて通水し、停止または逆圧時は逆止弁体が自重と逆圧で弁座を閉じる構造である。

４．単式逆流防止弁

単式逆流防止弁は、１個の弁体をばねによって弁座に押しつける構造のものである。単式逆流防止弁には点検孔のあるⅠ型と点検孔のないⅡ型がある。

５．複式逆流防止弁

複式逆流防止弁は、個々に独立して作動する２つの逆流防止弁が組み込まれ、その弁体はそれぞればねによって弁座に押しつけられているので、二重の安全構造となっている。

６．二重式逆流防止器

二重式逆流防止器は、内部に第１逆止弁、第２逆止弁を有し、各弁体のテストコックによる性能チェック及び作動不良時の弁体の交換が、配管に取付けたままできる構造である。

7．減圧式逆流防止器

減圧式逆流防止器は、第1逆止弁と第2逆止弁の間に逃し弁を有し、逆止弁が作動しない場合には、逃し弁が開いて排水し、逆流を防止する構造の逆流防止器である。

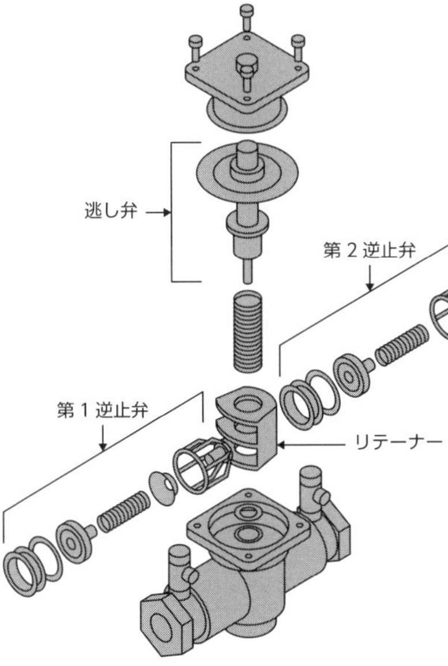

減圧式逆流防止器の例

水道博士のワンポイントアドバイス

一般に、構造が簡単なものを逆止弁、複雑なものを逆流防止器というぞ。

15 | 吸排気弁・吸気弁・空気弁

給水管内に空気を導入したり、排気したりする弁には、吸排気弁、吸気弁、空気弁があり、概要は、それぞれ次のとおりである。

1．吸排気弁

吸排気弁は、給水立て管頂部に設置され、管内に負圧が生じた場合に自動的に多量の空気を吸気して給水管内の負圧を解消する機能をもった給水用具である。なお、管内に停滞した空気を自動的に排出する機能を合わせ持っている。

2．吸気弁

吸気弁は、寒冷地などの水抜き配管で、不凍栓を使用して二次側配管内の水を排水し凍結を防ぐ配管において、排水時に同配管内に空気を導入して水抜きを円滑にする自動弁である。

3．空気弁

空気弁は、管内に停滞した空気を自動的に排出する機能を持った給水用具である。

水道博士のワンポイントアドバイス

空気弁とは、空気を排出する弁をいうぞ。

16 | 大便器洗浄弁

大便器洗浄弁は、大便器の洗浄に用いる給水用具であり、JIS B 2061：2013（給水栓）またはそれに準じた構造のものは、瞬間的に多量の水を必要とするので、配管は口径 25mm 以上としなければならない。

17 | バキュームブレーカ

バキュームブレーカは、給水管内に負圧が生じたとき、サイホン現象により使用済の水等が逆流して水が汚染されることを防止するため、逆止弁により逆流を防止するとともに、逆止弁より二次側（流出側）の負圧部分へ自動的に空気を取り入れ、負圧を破壊する機能を持つ給水用具である。

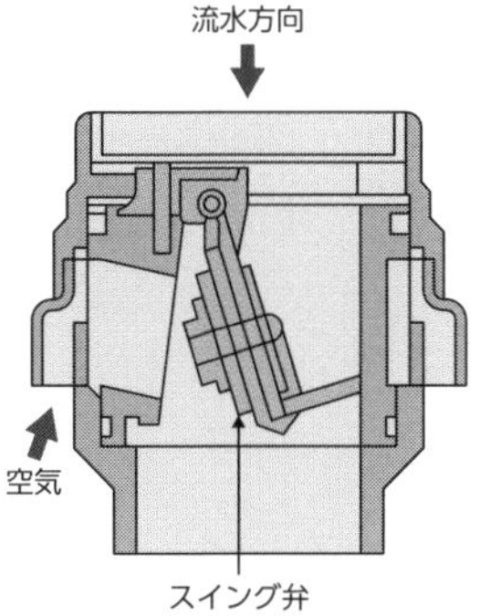

バキュームブレーカの例

18 | ウォータクーラ

ウォータクーラとは、冷却槽で給水管路内の水を任意の一定温度に冷却し、押ボタン式または足踏式の開閉弁を操作して、冷水を射出する給水用具である。

19 | ミキシングバルブ

ミキシングバルブは、湯・水配管の途中に取り付けて、湯と水を混合し、設定温度の湯を吐水する給水用具であり、ハンドル式とサーモスタット式がある。

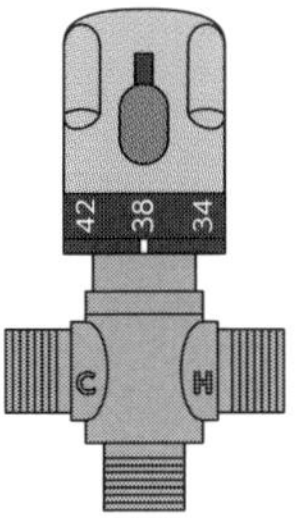

ミキシングバルブの例

20 | 混合水栓

混合水栓とは、湯と水を混合して吐出する水栓をいい、２ハンドル式、シングルレバー式、サーモスタット式がある。

１．２ハンドル式

２ハンドル式の混合水栓は、湯側・水側の２つのハンドルを操作し、吐水、止水、吐水量の調整、吐水温度の調整ができる。

２．シングルレバー式

シングルレバー式の混合水栓は、１本のレバーハンドルで、吐水、止水、吐水量の調整、吐水温度の調整ができる。

３．サーモスタット式

サーモスタット式の湯水混合水栓は、温度調整ハンドルの目盛を合わせることで安定した吐水温度を得ることができる。吐水、止水、吐水量の調整は別途止水部で行う。

水道博士のワンポイントアドバイス

ミキシングバルブとサーモスタット式混合水栓は、温度の調整をするものであり、水量の調整をするものではないぞ。

21 | 節水形給水用具

節水形給水用具には、吐水量を絞ることによるものと、自閉機構によるものに分類され、前者には泡沫式水栓が、後者には自閉式水栓、湯屋カラン、手洗衛生洗浄弁等がある。また、制御装置を使って節水を図ることができる給水用具として、大便器洗浄用ユニット、小便器洗浄用ユニット、自動食器洗い機等がある。節水形給水用具に関する事項は、次のとおりである。

1．定流量弁

定流量弁とは、吐水量を絞ることによる節水形給水用具の１つで、水圧に関係なく一定の流量に制御する弁をいう。定流量弁は、ばね、オリフィス、ニードル式等による流量調整機構によって、一次側の圧力にかかわらず流量が一定になるよう調整している。

2．泡沫式水栓

泡沫式水栓とは、吐水量を絞ることによる節水形給水用具の１つで、水流に空気を混合し、泡状に吐水させることにより、流量を絞る水栓をいう。

3．手洗衛生洗浄弁

手洗衛生洗浄弁とは、自閉機構による節水形給水用具の１つで、押し棒を上げている間のみ吐水し、押し棒から手を離すと自動的に止水する弁をいう。

4．自閉式水栓

自閉式水栓とは、自閉機構による節水形給水用具の１つで、ハンドルから手を離すと水が流れたのち、バネの力で自動的に止水する水栓をいう。

5．電子式自閉水栓

電子式自閉水栓とは、自閉機構による節水形給水用具の１つで、手が赤外線ビームなどを遮断すると電子制御装置が働いて、吐水、止水が自動的に制御される水栓をいう。

6．定量水栓

定量水栓とは、自閉機構による節水形給水用具の1つで、ハンドルの目盛を必要水量にセットしておくと、設定した水量を吐水したのち自動的に止水する水栓をいう。

7．湯屋カラン

湯屋カランとは、自閉機構による節水形給水用具の1つで、ハンドルを押している間は水がでるが、ハンドルから手を離すと自動的に止水する水栓をいう。

水道博士のワンポイントアドバイス

手洗衛生洗浄弁と湯屋カランは、押し棒やハンドルから手を離すと、すぐに水が止まる。一方、自閉式水栓は、ハンドルから手を離すと、しばらく吐水してから止水するぞ。

22 ｜給水用具の故障と対策

主な給水用具の故障と対策に関する事項は、次のとおりである。

1．受水槽の副弁付定水位弁やボールタップ

受水槽の副弁付定水位弁やボールタップの主な故障と一般的な対策は、次のとおりである。

・受水槽の副弁付定水位弁やボールタップから水が出ない原因には、ストレーナの異物の詰まりなどがある。修理方法としては、ストレーナを分解して清掃する。
・受水槽の副弁付定水位弁やボールタップから水が止まらない原因の1

つに、ボールタップの弁座の損傷がある。この場合、弁座が損傷したボールタップを取り替える。

・受水槽の副弁付定水位弁やボールタップから水が止まらない原因の1つに、パッキンの摩耗がある。この場合、パッキンを取り替える。

水道博士のワンポイントアドバイス

ストレーナは、異物が給水用具に混入しないように設けられているのじゃ。異物による給水用具の故障の原因となるので、ストレーナを取り外したまま給水用具を使用してはならないぞ。

2．水栓

水栓の主な故障と一般的な対策は、次のとおりである。

・水栓から漏水しているのは、弁座の摩耗・損傷が原因の1つと考えられる。修理方法としては、パッキンまたは水栓を取り替える。

・水栓の水の出が悪い原因の1つに、水栓のストレーナにゴミが詰まっていることが考えられる。修理方法は、水栓を取り外し、ストレーナのゴミを除去する。

・水栓を使用すると水撃作用（ウォーターハンマー）が生じる原因には、こまとパッキンの外径が不揃いであることが挙げられる。修理方法は、こまとパッキンを正規なものに取り替える。

・水栓の不快音は、スピンドルの穴とこま軸の外径が合わなく、がたつきがある時に発生する。修理方法は、摩耗したこまを取り替える。

・水栓のスピンドルのがたつきの原因には、スピンドルのねじ山の摩耗が挙げられる。修理方法としては、スピンドルまたは水栓を取り替える。

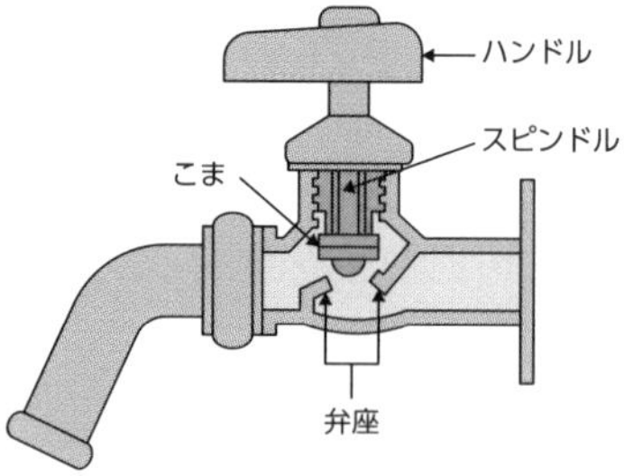

水栓の例

3．ボールタップ付ロータンク

ボールタップ付ロータンクの水が止まらない原因には、フロート弁の損傷や鎖がからまっていることが挙げられる。修理方法としては、前者の場合は新しいフロート弁に交換する、後者の場合は鎖をたるませる。

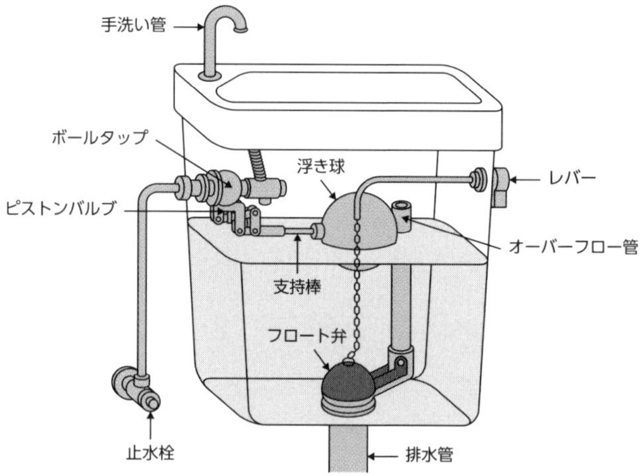

ボールタップ付ロータンクの例

4．大便器洗浄弁

大便器洗浄弁の主な故障と一般的な対策は、次のとおりである。

・大便器洗浄弁から常に少量の水が流出している場合は、ピストンバルブと弁座の間に異物がかみ込んでいる場合があるので、この場合、ピストンバルブを取り外して異物を除く。
・大便器洗浄弁から常に大量の水が流出している場合は、ピストンバルブの小孔やストレーナに異物が詰まっている場合があるので、ピストンバルブを取り出してブラシで軽く清掃する。
・大便器洗浄弁から水撃が生じる原因の１つに、ピストンバルブパッキンの変形・破損が考えられる。
・大便器洗浄弁の吐水量が多い原因に、調節ねじが開き過ぎていることが挙げられる。この場合、調節ねじを右に回して吐水量を減らす。
・大便器洗浄弁の水勢が弱い原因に、開閉ねじを閉め過ぎていることが挙げられる。この場合、開閉ねじを左に回して水勢を調節する。

5．小便器洗浄弁

小便器洗浄弁の主な故障と一般的な対策は、次のとおりである。

・小便器洗浄弁で少量の水が流れ放しのときは、ピストンバルブと弁座の間への異物のかみ込みが原因と考えられるので、ピストンバルブを取り外し、異物を取り除く。
・小便器洗浄弁から多量の水が流れ放しとなるのは、ピストンバルブの小孔の詰まりが原因の１つと考えられるので、ピストンバルブを取り外して小孔を掃除する。
・小便器洗浄弁の吐水量が多い原因に、調節ねじが開き過ぎていることが挙げられる。この場合、調節ねじを右に回して吐水量を減らす。
・小便器洗浄弁の水勢が弱い原因に、開閉ねじを閉め過ぎていることが挙げられる。この場合、開閉ねじを左に回して水勢を調節する。

ここが頻出だ！

● 小便器洗浄弁の吐水量が多いので原因を調査した。その結果、調節ねじが開き過ぎていたので、調節ねじを右に回して吐水量を減らした。

水道博士のワンポイントアドバイス

大便器洗浄弁、小便器洗浄弁には、水量を調節する調節ねじと、水勢を調整する開閉ねじがある。調節ねじを右に回すと水量が減り、左に回すと水量が増える。開閉ねじを右に回すと水勢が弱くなり、左に回すと水勢が強くなるぞ。

6．湯沸器

湯沸器に故障が発生した場合、湯沸器にはいろいろな種類があり、その構造も複雑であるため、簡単なもの以外は製造業者に修理を依頼する。

重要ポイントを覚えよう！

1 □ 需要者が、他の所有者の給水装置（水道メーターの上流側）から分岐承諾を得て設けた給水管及び給水用具は、給水装置に該当する。

2 □ ビルなどで一旦水道水を受水槽に受けて給水する場合には、配水管から分岐して設けられた給水管から受水槽への注入口までが給水装置であり、受水槽以下はこれに該当しない。

3 □ 水道法で定義している「直結する給水用具」とは、給水管に容易に取外しのできない構造として接続し、有圧のまま給水できる給水栓等の給水用具をいい、ホース等で、容易に取外しの可能な状態で接続される器具は含まれない。

4 □ 給水装置は、当該給水装置以外の水管や給水用具でない設備に接続しないこと、ふろなどの水受け容器に給水する場合は給水管内への水の逆流を防止する措置を講じること、材質が水道水の水質に影響を及ぼさないこと、内圧・外圧に対し十分な強度を有していること等が必要である。

5 □ 給水装置工事は、水道施設を損傷しないこと、設置された給水装置に起因して需要者への給水に支障を生じないこと、水道水質の確保に支障を生じないこと等の観点から、給水装置の構造及び材質の基準に適合した適正な施行が必要である。

6 □ 水道法では、水道事業者は給水装置工事を適正に施行できると認められる者の指定をすることができ、この指定をしたときは、水の供給を受ける者の給水装置が水道事業者または指定を受けた者の施行した給水装置工事に係るものであることを供給条件とすることができるとされている。

7 □ 波状ステンレス鋼管は、変位吸収性を有しているため、耐震性に富むとともに、波状部において任意の角度を形成でき、継手が少なくてすむ等の配管施工の容易さを備えている。

8 □ 硬質塩化ビニルライニング鋼管のねじ接合には、管端防食継手を使用しなければならない。

9 □ 架橋ポリエチレン管の主な継手には、メカニカル式継手と電気融着式継手がある。

10 □ 水道メーターは、許容流量範囲を超えて水を流すと、正しい計量ができなくなるおそれがあるため、適正使用流量範囲、瞬時使用の許容流量等に十分留意して水道メーターの呼び径を決定する必要がある。

11 □ 水道メーターは、計量法に定める特定計量器の検定に合格したものを設置し、検定有効期間 8 年を経過する前に、検定に合格したメーターと交換しなければならない。

12 □ 水道メーターの計量方法は、容積式と流速式に分類され、我が国で使用されている水道メーターは、ほとんどが流速式である。

13 □ たて形軸流羽根車式水道メーターは、メーターケースに流入した水流が、整流器を通って、垂直に設置された螺旋状羽根車に沿って下方から上方に流れ、水の流れがメーター内で迂流するため、よこ形軸流羽根車式にくらべて損失水頭がやや大きい。

14 □ 水道メーターの計量部の形態が複箱式のものは、メーターケースの中に別の計量室をもち、ノズルから羽根車に噴射水流を与える構造となっている。

15 □ 水道メーターの指示部の形態は、計量値をアナログ表示する円読式と、計量値をデジタル表示する直読式がある。

16 □ 直結加圧形ポンプユニットは、加圧ポンプ、電動機、制御盤、流水スイッチ等から構成されている。

17 □ 直結加圧形ポンプユニットの圧力タンクは、ポンプの頻繁な発停を防止することを目的としたものであり、停電によりポンプが停止したときに水を供給するための機能は有していない。

18 □ 給水装置として取り扱われる貯湯湯沸器は、そのほとんどが貯湯部にかかる圧力が 100kPa 以下で、かつ伝熱面積が $4m^2$以下の構造のものである。

19 □ 浄水器のうち、水栓の流出側に取り付けられ常時水圧が加わらないもので、浄水器単独で製造・販売され、消費者が取付けを行うものは給水用具に該当しない。

20 □ 減圧弁は、調整ばね、ダイヤフラム、弁体等の圧力調整機構によって、一次側の圧力が変動しても、二次側を一次側より低い一定圧力に保持する給水用具である。

21 □ 吸排気弁は、給水立て管頂部に設置され、管内に負圧が生じた場合に自動的に多量の空気を吸気して給水管内の負圧を解消する機能をもった給水用具である。

22 □ バキュームブレーカは、給水管内に負圧が生じたとき、サイホン作用により使用済みの水等が逆流して水が汚染されることを防止するため、逆止弁により逆流を防止するとともに、逆止弁より二次側（流出側）の負圧部分へ自動的に空気を取り入れ、負圧を破壊する機能を持つ給水用具である。

23 □ 自閉式水栓、湯屋カラン、手洗衛生洗浄弁は、自閉構造により節水を図ることができる給水用具である。

24 □ ストレーナに異物が詰まって、副弁付定水位弁から水が出ない場合は、ストレーナを分解して清掃する。

25 □ 水栓の不快音は、スピンドルの穴とこま軸の外径が合わなく、がたつきがある時に発生するので、摩耗したこまを取り替える。

26 □ ピストンバルブと弁座の間に異物がかみ込んで、大便器洗浄弁から常に少量の水が流出している場合は、ピストンバルブを取り外して異物を除く。

27 □ ピストンバルブの小孔やストレーナが詰まって、大便器洗浄弁から常に大量の水が流出している場合は、ピストンバルブを取り外して小孔を掃除する。

28 □ 調節ねじが開き過ぎていて、小便器洗浄弁の吐水量が多い場合は、調節ねじを右に回して吐水量を減らす。

こんな選択肢に注意！

需要者が、他の所有者の給水装置（水道メーターの上流側）から分岐承諾を得て設けた給水管及び給水用具は、給水装置には~~当たらない~~。

需要者が、他の所有者の給水装置（水道メーターの上流側）から分岐承諾を得て設けた給水管及び給水用具は、給水装置には当たる。

水道メーターは、需要者が使用する水量を積算計量する計量器であり、~~水道法~~に定める特定計量器の検定に合格したものを設置しなければならない。

水道メーターは、需要者が使用する水量を積算計量する計量器であり、計量法に定める特定計量器の検定に合格したものを設置しなければならない。

水道メーターの指示部の形態は、計量値をアナログ表示する~~直読式~~と、計量値をデジタル表示する~~円読式~~がある。

水道メーターの指示部の形態は、計量値をアナログ表示する円読式と、計量値をデジタル表示する直読式がある。

水栓から不快音がした。調査したところ、スピンドルの孔とこま軸の外径が合わなく、がたつきがあったため、~~スピンドル~~を取替えた。

水栓から不快音がした。調査したところ、スピンドルの孔とこま軸の外径が合わなく、がたつきがあったため、摩耗したこまを取替えた。

小便器洗浄弁の吐水量が多いので原因を調査した。その結果、調節ねじが開き過ぎていたので、調節ねじを~~左~~に回して吐水量を減らした。

小便器洗浄弁の吐水量が多いので原因を調査した。その結果、調節ねじが開き過ぎていたので、調節ねじを右に回して吐水量を減らした。

第8章

給水装置施工管理法

第８章　給水装置施工管理法

出題のポイント

給水装置施工管理法の分野からは毎年５問出題される。公衆災害防止対策、施工計画、工程管理、品質管理、安全管理などの施工管理に関する事項が出題される。

1 ｜建設工事公衆災害防止対策要綱土木工事編

1．目的

この要綱は、土木工事の施工に当たって、当該工事の関係者以外の第三者（公衆）に対する生命、身体及び財産に関する危害並びに迷惑（公衆災害）を防止するために必要な計画、設計及び施工の基準を示し、もって土木工事の安全な施工の確保に寄与することを目的としている。

2．適用

・この要綱は、公衆に係わる区域で施工する土木工事に適用する。
・起業者及び施工者は、土木工事に当たっては、公衆災害を防止するために、この要綱の各項目を遵守しなければならない。ただし、この要綱において起業者が行うこととされている内容について、契約の定めるところにより施工者が行うことを妨げない。

水道博士のワンポイントアドバイス

建設工事公衆災害防止対策要綱土木工事編とは、土木工事による公衆災害を防止するために、施工等の基準を示したものじゃ。

3．作業場

作業場について、次のように規定されている。

■固定さくの高さ

1.2m 以上とする。通行者の視界を妨げない必要がある場合は、上部を金網等で見通しよくするものとする。

固定さくの例

■移動さくの寸法

高さ 0.8m 以上 1m 以下、長さ 1m 以上 1.5m 以下を標準とする。

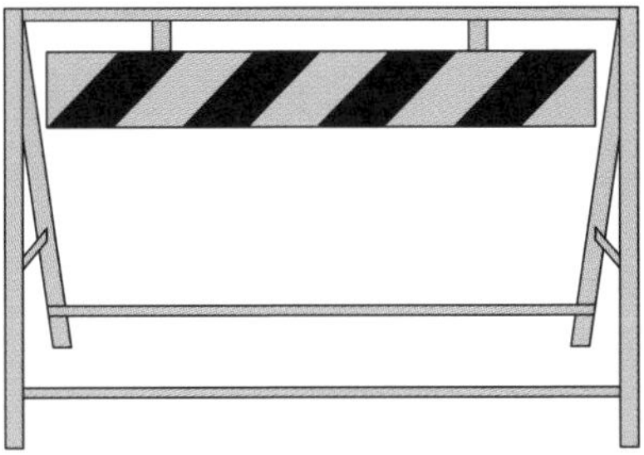

移動さくの例

■横板の彩色部分

黄色と黒色の幅10cm以下、角度45度の斜縞《しま》。

■留意事項

・歩行者及び自転車が通行する部分に沿った移動さくは、間隔をあけないようにし、すき間のないようにしなければならない。
・道路上の作業場には、交通流に対する背面から車両を出入りさせなければならない。
・道路上の作業場内に、作業に使用しない車両を駐車させてはならない。
・作業に使用する車両の運転手を常駐させなければならない。

4．交通保安対策

交通保安対策について、次のように規定されている。

・道路管理者及び所轄警察署長の指示を受け、作業場出入口等に必要に応じて交通誘導員を配置し、道路標識、保安灯、セーフティコーンまたは矢印板を設置する等、常に交通の流れを阻害しないよう努めなければならない。
・地盤面から高さ0.8m以上2m以下の部分は、通行者の視界を妨げることのないよう必要な措置を講じなければならない。
・高さ1m程度のもので夜間150m前方から視認できる光度を有する保安灯を設置しなければならない。
・やむを得ない理由で段差が生じた場合は、5%以内の勾配ですりつけるものとし、施工上すりつけが困難な場合には、標示板等によって通行車両に予知させなければならない。
・工事を予告する道路標識、標示板等を、工事箇所の前方50mから500mの間の路側または中央帯のうち視認しやすい箇所に設置しなければならない。
・制限した後の道路の車線が1車線となる場合にあっては、その車道幅員は3m以上とし、2車線となる場合にあっては、その車道幅員は5.5m以上とする。
・歩行者が安全に通行し得るために歩行者用として別に幅0.90m以上、特に歩行者の多い箇所においては幅1.5m以上の通路を確保しなければならない。

ここが頻出だ！

● **起業者及び施工者は、車道幅員を制限する場合において、歩行者が安全に通行し得るために歩行者用として別に幅 0.90m 以上、特に歩行者の多い箇所においては幅 1.5m 以上の通路を確保しなければならない。**

2 | 給水装置工事の施工管理

1. 一般的な留意事項

給水装置工事の施工管理における、一般的な留意事項は次のとおりである。

・配水管から分岐して給水管を設ける工事の責任者は、給水装置工事主任技術者である。
・給水装置工事主任技術者は労働災害の事例、災害防止にかかわる書籍等を参考に、工事従事者の安全を図るための努力を怠ってはならない。

2. 施工計画書

給水装置工事の施工管理における、施工計画書に関する事項は次のとおりである。

・緊急時なども作業従事者等が常に見ることができるよう、付近住民への情報提供も考慮し、「工事中看板」に吊るしておく。ただし、発注者等の個人情報は記載しないようにする。
・緊急時の連絡先を明記し、責任者が不在でも電話連絡が図れるようにしておくこと。

３．事前確認

給水装置工事の施工管理における、事前確認に関する事項は次のとおりである。

- 配水管からの分岐以降水道メーターまでの工事は、水道事業者の承認を受けた工法、工期他の条件に適合するように施行しなければならない。
- 水道事業者は、災害等による給水装置の損傷の防止、復旧を迅速かつ適切に行えるように、配水管への取付口から水道メーターまでの構造及び材質等を指定する場合があり、指定されている場合は水道事業者に確認しなければならない。
- 公道内の給水装置工事は、工事等の範囲を水道事業者に確認する必要がある。

４．関係者への周知・報告

給水装置工事の施工管理における、関係者への周知・報告に関する事項は次のとおりである。

- 工事着手に先立ち、付近住民に対し、工事の協力が得られるよう、工事の具体的な説明を行う。
- 工事内容を付近住民や通行人に周知させるため、広報板などを使用し、必要な広報措置を行う。
- 事故が発生し、または発生するおそれがある場合は、直ちに必要な措置を講じ、事故状況及び措置内容を水道事業者等に報告する。

ここが頻出だ！

● 工事着手に先立ち、**現場付近住民に対し、工事内容について具体的な説明を行い、工事の施行について十分な協力が得られるように努めなければならない。**

5．施工中の管理

給水装置工事の施工管理における、施工中の管理に関する事項は次のとおりである。

・指定給水装置工事事業者は、配水管から分岐して給水管を設ける工事などを施行する場合、適切に作業を行うことができる技能を有する者に従事または監督させなければならない。
・給水装置工事主任技術者は、施工計画書に基づき、施工過程でチェックを行い、施工計画書のとおり進められているか、法令順守がなされているか、必要の都度工事目的物の品質を絶えず確認する。

6．試験・記録

給水装置工事の施工管理における、記録・試験に関する事項は次のとおりである。

・穿孔後における水質確認（残留塩素、におい、濁り、色、味）を行う。特に残留塩素は、穿孔した管が水道管の証しとなるから必ず確認する。
・施工計画書に品質管理項目と管理方法、管理担当者を定め実施すること。
・結果を記録にとどめるほか、実施状況を写真撮影し、工事記録としてとどめておく。
・水道事業者、発注者等が施工状況の確認ができるよう資料、写真の取りまとめを行っておく。
・水道事業者によっては、工事完了時に品質管理の結果と状況写真の提出を義務付けているところがある。

7．宅地内の給水装置工事

給水装置工事の施工管理における、宅地内の給水装置工事に関する事項は次のとおりである。

・一般に水道メーター以降、末端給水用具までの工事であり、施主の依頼に応じて実施され、工事内容によっては、建築業者等との調整が必要となる。
・道路上での給水装置工事と同様に、施工計画書の作成、工程管理、品質管理、安全管理等を行う必要がある。
・工事箇所の水道事業者の給水条例などを理解し行う。

3｜給水装置工事の安全管理

1. 一般的な留意事項

給水装置工事の安全管理における、一般的な留意事項は次のとおりである。
・労働災害の危険があるときは、直ちに作業を中止し、労働者を退避させる等必要な措置を講じなければならない。
・適切な人材を配置するとともに、工事用機械器具の留意点を周知し、操作を誤らないように使用する。
・材料等には荷くずれのないような処置を講じ、運搬、積みおろしの際に、衝撃を与えないように扱い、歩行者や車両の通行に危険のないように注意する。
・道路上または道路に近接して高さの高い工事用機械類を設置しておく場合は、白色照明灯等で、所在が確認できるようにする。

2. 掘削・埋設工事

給水装置工事の安全管理における、掘削・埋設工事に関する事項は次のとおりである。

・埋設物を調査するとともに、近接する埋設物がある場合は埋設物管理者に立会いを求め位置を確認し、埋設物に損傷を与えないよう注意する。
・埋設物に接近して掘削する場合は、周辺地盤のゆるみ、沈下等に注意して施工し、必要に応じて埋設物管理者と協議のうえ、防護措置等を講ずる。

・火気に弱い埋設物または可燃性物質の輸送管等の埋設物に接近する場合は、火気を伴う機械器具を使用しない。やむを得ない場合は、埋設物管理者と協議し、保安上必要な措置を講ずる。

・ガス管などの埋設物に関する事項は、ガス会社などの埋設物管理者と協議する。

ここが頻出だ！

● **埋設物に接近して掘削する場合は、周囲地盤のゆるみ、沈下等に十分注意して施工し、必要に応じて当該埋設物の管理者と協議のうえ防護措置などを講じる。**

● **工事が火気に弱い埋設物または可燃性物質の輸送管などの埋設物に接近する場合は、溶接機、切断機等火気を伴う機械器具を使用しない。ただし、やむを得ない場合は、当該埋設物の管理者と協議し、保安上必要な措置を講じてから使用する。**

4｜給水装置工事の品質管理

1．品質管理

●品質管理とは

要求される品質、性能を有するものを完成させるための種々の手段

●品質管理の対象となる段階

調査から計画、施工、検査のすべての段階

●品質管理により期待できる効果

品質の向上、原価の低減、信頼の確保、無駄な作業の減少、検査手数の減少

●的確な品質管理に求められること

指定工事事業者、給水装置工事主任技術者など、すべての関係者の積極的な参加

水道博士のワンポイントアドバイス

的確な品質管理により、原価の低減、無駄な作業の減少、検査手数の減少が期待できる。検査手数を増大させればよいというものではないぞ。

5 | 給水装置工事の工程管理

1. 工程管理とは

工程管理とは、契約書に定めた工期内に工事を完了するため、現地調査や水道事業者等との調整に基づき工程管理計画を作成し、効率的かつ経済的に工事を進めていくことである。単なる時間的管理ではない。

2. 給水装置工事の工程管理

給水装置工事における工程管理の要点は、次のとおりである。

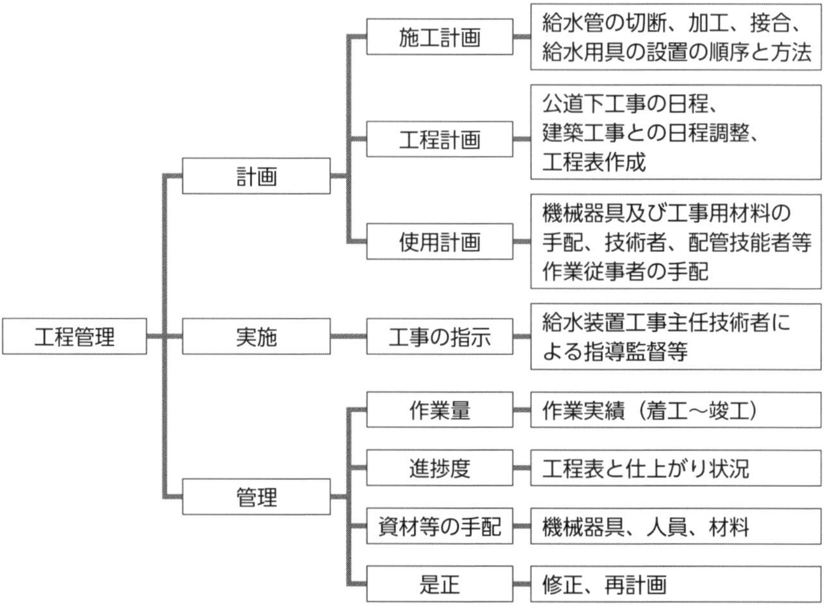

3．工程表

給水装置工事における工程表の要点は次のとおりである。

・作業が可能な日数を、土曜日、日曜日、祝日の他、天候による作業が不可能な日等を差し引いて推定し、無理のない余裕のある工程計画を立てる。

・工程表には、ガントチャート、バーチャート、ネットワーク等があるが、給水装置工事の工事規模の場合は、バーチャート工程表が一般的である。

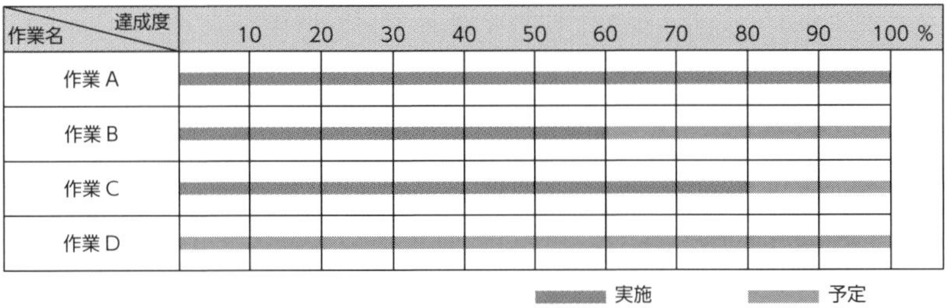

ガントチャート工程表の例

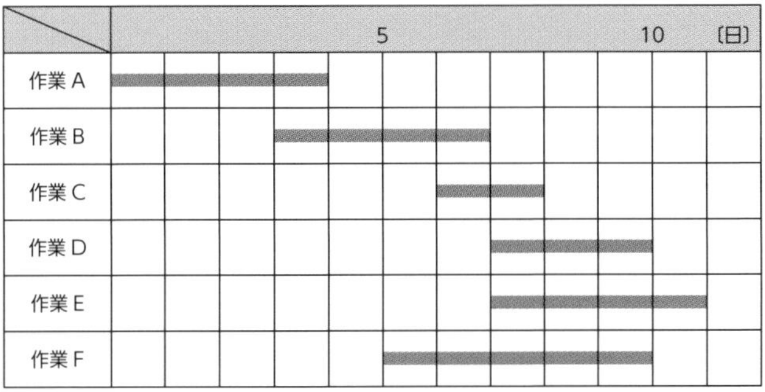

バーチャート工程表の例

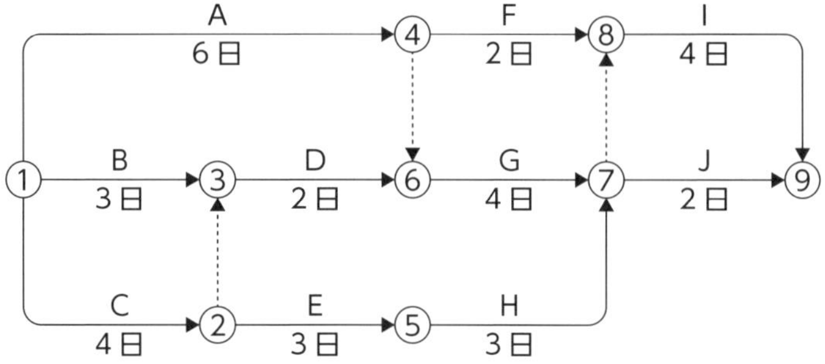

ネットワーク工程表の例

4．給水装置工事の工事受注から工事着手までのフロー

工事受注から工事着手までの流れは、次のとおりである。

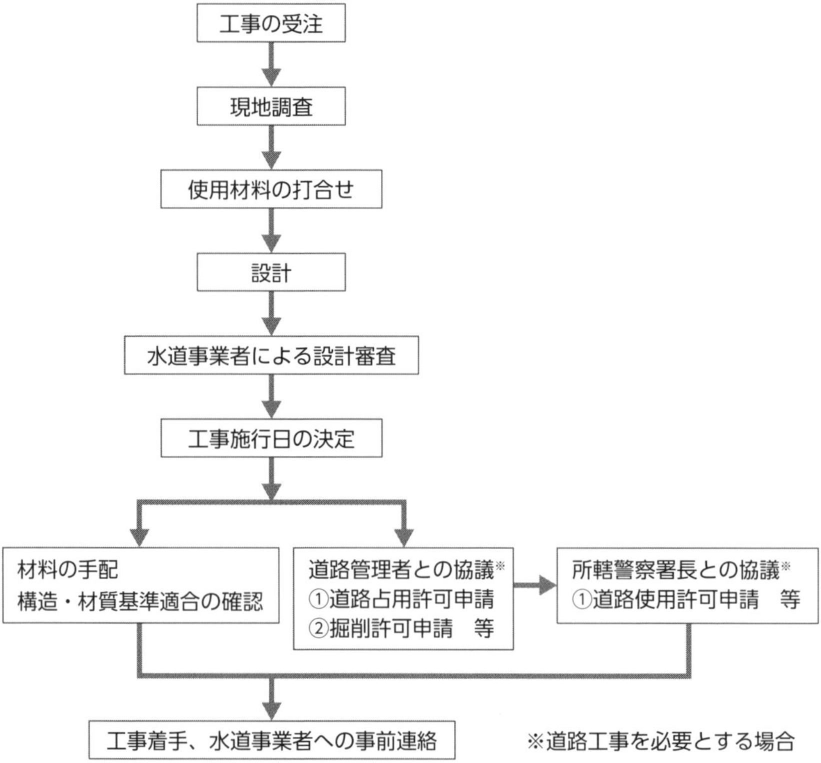

5．給水用具の取付けから工事完了（引渡し）までのフロー

給水装置工事の給水用具の取付けから工事完了（引渡し）までの流れは、次のとおりである。

各種給水用具の取付け
↓
工事事業者の検査（耐圧試験等）
↓
水道事業者への完成図提出
↓
水道事業者の完成検査
↓
通水（水質確認等）
↓
引渡し

水道博士のワンポイントアドバイス

フロー図は穴埋め問題に出題される。内容をよく覚えておくことじゃ。

6｜給水装置工事の電力

1．現場における工事用電力設備

給水装置工事の現場における工事用電力設備に関する要点は、次のとおりである。

・高圧配線、変電設備には危険表示し、接触の危険のあるものにはさく、囲い、覆い等、感電防止措置を講じる。

・仮設の電気工事は、電気事業法に基づく「電気設備に関する技術基準を定める省令」などにより電気技術者が行う。
・電力設備には、感電防止用漏電遮断器を設置し、感電事故防止に努める。
・水中ポンプは、常に点検と補修を行う。

ここが頻出だ！

- **高圧配線、変電設備には危険表示を行い、接触の危険のあるものには必ずさく、囲い、覆い等の感電防止措置を講じる。**
- **電線を造営物にステップルで仮止めするなどの仮設の電気工事は、電気事業法に基づく「電気設備に関する技術基準を定める省令」などにより電気技術者が行わなければならない。**
- **水中ポンプその他の電気関係器材は、常に点検と補修を行い正常な状態で作動させる。**

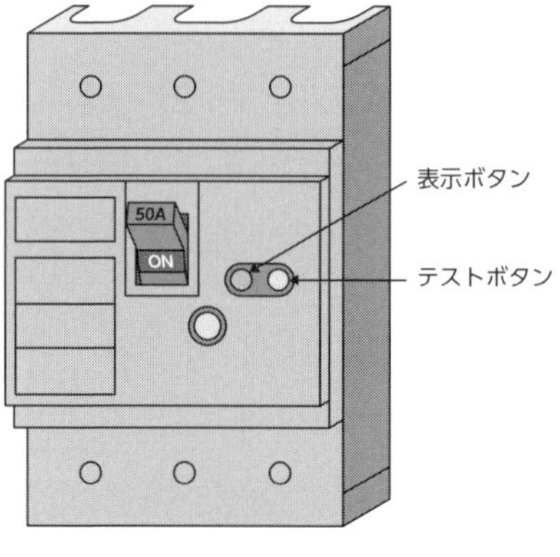

漏電遮断器

配線用遮断器

水道博士のワンポイントアドバイス

水と電気は相性が悪い。水中ポンプは漏電しやすく、漏電すると感電して危険じゃ。感電防止のためには、漏電すると自動的に回路が開放される漏電遮断器を設ける。漏電遮断器は、表示ボタン、テストボタンがあるのが特徴じゃよ。

重要ポイントを覚えよう！

1 □ 歩行者及び自転車が通行する部分に沿った移動さくは、間隔をあけないようにし、すき間のないようにしなければならない。

2 □ 施工者は、道路を掘削した箇所を埋め戻したのち、仮舗装を行う際にやむをえない理由で段差が生じた場合は、5%以内の勾配ですりつけるものとし、施工上すりつけが困難な場合には、標示板などによって通行車両に予知させなければならない。

3 □ 施工者は、工事を予告する道路標識、標示板等を、工事箇所の前方 50m から 500m の間の路側または中央帯のうち視認しやすい箇所に設置しなければならない。

4 □ 起業者及び施工者は、車道幅員を制限する場合において、歩行者が安全に通行し得るために歩行者用として別に幅 0.90m 以上、特に歩行者の多い箇所においては幅 1.5m 以上の通路を確保しなければならない。

5 □ 工事着手に先立ち、現場付近住民に対し、工事内容について具体的な説明を行い、工事の施行について十分な協力が得られるように努めなければならない。

6 □ 工事の施行にあたり、事故が発生し、または発生するおそれがある場合は、直ちに必要な措置を講じたうえ、事故の状況及び措置内容を水道事業者や関係官公署に報告する。

7 □ 工事の施行にあたっては、地下埋設物の有無を十分に調査するとともに、接近する埋設物がある場合は当該埋設物管理者に立会いを求めその位置を確認し、埋設物に損傷を与えないよう注意する。

8 □ 工事中、火気に弱い埋設物または可燃性物質の輸送管等の埋設物に接近する場合は、溶接機、切断機等火気を伴う機械器具を使用しない。ただし、やむを得ない場合は、当該埋設物管理者と協議し、保安上必要な措置を講じてから使用する。

9 □ 高圧配線、変電設備には危険表示を行い、接触の危険のあるものには必ずさく、囲い、覆い等の感電防止措置を講じる。

10 □ 水中ポンプその他の電気関係器材は、常に点検と補修を行い正常な状態で作動させる。

11 □ 電線を造営物にステップルで仮止めするなどの仮設の電気工事は、電気事業法に基づく「電気設備に関する技術基準を定める省令」などにより電気技術者が行わなければならない。

12 □ 感電事故防止のために、電力設備に漏電遮断器を設置する。

! こんな選択肢に注意！

埋設物に接近して掘削する場合は、周囲地盤のゆるみ、沈下等に十分注意して施工し、必要に応じて~~道路管理者~~と協議のうえ防護措置などを講じる。

埋設物に接近して掘削する場合は、周囲地盤のゆるみ、沈下等に十分注意して施工し、必要に応じて当該埋設物の管理者と協議のうえ防護措置などを講じる。

第１章「公衆衛生概論」 超重要！ 必修ポイント

◆ 水道の定義

水道法第３条

第１項　この法律において「水道」とは、導管及びその他の工作物により、水を人の飲用に適する水として供給する施設の総体をいう。ただし、臨時に施設されたものを除く。

→自ら掘った井戸を水源とし、工事現場等の仮設給水施設として設けられた施設は、水道の定義に含まれない。

第４項　この法律において「水道用水供給事業」とは、水道により、水道事業者に対してその用水を供給する事業をいう。

→水道事業者からその用水の供給を受ける事業ではない。

◆ 水道施設

貯水施設	水道の原水を貯留する
取水施設	水道の水源から原水を取り入れる
導水施設	貯水施設を経た原水を浄水施設に導く
浄水施設	原水を人の飲用に適する水に処理する
送水施設	浄水施設を経た浄水を配水施設に送る
配水施設	一般の需要に応じ、必要な水を供給する

◆ 浄水処理法

緩速ろ過法	一般に原水を普通沈でん処理したのち、ろ過池の砂層に繁殖した好気性生物により水を浄化する浄水方法。
急速ろ過法	一般に原水に凝集剤を加えて沈でん処理をしたのち、砂ろ過を行う浄水方法。

・急速ろ過法、緩速ろ過法ともに、砂ろ過を行った後、消毒のための塩素剤を注入するが、急速ろ過法では、溶解性の鉄やマンガンを除去するため、ろ過池の前に塩素を入れる前塩素処理を行う。

◆ 塩素消毒

- 消毒剤…液化塩素（液体塩素）・次亜塩素酸ナトリウム・次亜塩素酸カルシウムの３種類
- 残留塩素
  - 遊離残留塩素…殺菌効果が強い
  - 結合残留塩素…残留効果が持続する
- 残留塩素の測定…ジエチル -p- フェニレンジアミン (DPD) と反応して生じる桃赤色を標準比色液と比較する

◆ 水質基準

① 病原生物に汚染され、または病原生物に汚染されたことを疑わせるような生物もしくは物質を含むものでないこと。
② シアン、水銀その他の有毒物質を含まないこと。
③ 銅、鉄、弗《ふっ》素《そ》、フェノールその他の物質をその許容量をこえて含まないこと。
④ 異常な酸性またはアルカリ性を呈しないこと。
⑤ 異常な臭味がないこと。ただし、消毒による臭味を除く。
⑥ 外観は、ほとんど無色透明であること。

◆ 病原微生物

病原性大腸菌 O157	腎不全や溶血性尿毒症症候群を引き起こす。感染予防には残留塩素の確保が有効。
レジオネラ属菌	肺炎様の感染症を起こすことがある。感染予防には残留塩素の確保が有効。
クリプトスポリジウム	下痢や腹痛等の症状を引き起こす。塩素消毒に対して抵抗性を示す。

第２章「水道行政」 超重要！ 必修ポイント

◆ 水道事業の認可

・水道事業を経営しようとする者は、厚生労働大臣の認可を受けなければならない。

◆ 給水義務

・給水義務…水道事業者は、正当な理由がない限り、需要者からの給水契約の申し込みを拒否してはならない。

給水停止要件	・給水を受ける者が正当な理由なしに給水装置の検査を拒んだとき ・給水を受ける者が料金を支払わないとき

◆ 供給規程

① 料金が、公正妥当なものであること。
② 料金が、定率または定額をもって明確に定められていること。
③ 水道事業者及び水道の需要者の責任、給水装置工事の費用の負担区分及びその額の算出方法が、適正かつ明確に定められていること。
④ 特定の者に対して不当な差別的取扱いをするものでないこと。
⑤ 貯水槽水道が設置されている場合、水道事業者及び当該貯水槽水道の設置者の責任に関する事項が、適正かつ明確に定められていること。

◆ 水道技術管理者

・水道事業者は、水道の管理について技術上の業務を担当させるため、水道技術管理者１人を置かなければならず、この場合、水道事業者は、自ら水道技術管理者となることができる。

◆ 給水装置及び給水装置工事

給水装置	需要者に水を供給するために水道事業者の施設した配水管から分岐して設けられた給水管及びこれに直結する給水用具をいう。 →受水槽以降の給水管に設置する給水栓、湯沸器等の給水設備は該当しない。
給水装置工事	給水装置の設置または変更の工事をいう。 →給水装置を撤去する工事も該当する。

◆ 給水装置の検査

・水道事業によって水の供給を受ける者は、当該水道事業者に対して、給水装置の検査及び供給を受ける水の水質検査を請求することができる。

◆ 指定給水装置工事事業者

・水道事業者による指定給水装置工事事業者の指定の基準は、水道法により全国一律に定められている。

◆ 給水装置工事主任技術者の主な職務

① 給水装置工事に係る給水装置の構造及び材質が基準に適合していることの確認
② 給水管を配水管から分岐する工事を施行しようとする場合の配水管の位置の確認に関する水道事業者との連絡調整
③ 配水管から分岐して給水管を設ける工事及び給水装置の配水管への取付口から水道メーターまでの工事を施行しようとする場合の工法、工期その他の工事上の条件に関する水道事業者との連絡調整
④ 給水装置工事（給水装置の軽微な変更を除く。）を完了した旨の水道事業者への連絡

第３章「給水装置工事事務論」 超重要！ 必修ポイント

◆ 給水装置工事主任技術者の主な職務

事前調査	酸・アルカリに対する防食、凍結防止等の工事の必要性の有無を調べる必要がある。
工事上の保安	通行者及び通行車両の安全確保、ガス管・電力線及び電話線等の保安について配慮する。
安全管理	工事従事者の安全を確保し、労働災害の防止に努めるとともに、工事従事者の健康を管理し、水系感染症に注意して水道水を汚染しないよう管理する。
竣工検査	自らまたはその責任のもと信頼できる現場の従事者に指示することにより確実に実施する。
基準への適合	施主から指示された給水管や給水用具が、給水装置の構造及び材質の基準に適合しないものである場合、使用できない理由を明確にして施主に説明する。

◆ 給水装置工事主任技術者の選任

・工事事業所ごとに選任⇒特に支障がなければ、同一の主任技術者を複数の事業所で選任することができる。

・主任技術者が欠けるに至った場合⇒２週間以内に新たな主任技術者を選任しなければならない。

◆ 給水装置工事の記録・保存

保存期間	３年間
記録の作成	主任技術者が行うが、主任技術者の指導・監督のもとで他の従業員が行ってもよい。
記録の様式	電子記録を活用するなど、事務の遂行に最も都合がよい方法で記録を作成して保存すればよい。

◆ 基準省令に定める性能基準

項目	耐圧、浸出等、水撃限界、防食、逆流防止、耐寒、耐久

・給水管及び給水用具ごとのその性能と使用場所に応じて適用される。
　例）給水管…耐圧性能・浸出性能
　　　飲用に用いる給水栓…耐圧性能・浸出性能・水撃限界性能

◆ 適合性の認証

自己認証	給水管、給水用具の製造業者等が自らまたは製品試験機関などに委託して得たデータや作成した資料等に基づいて、性能基準適合品であることを証明するもの。
第三者認証	中立的な第三者機関が製品試験や工場検査等を行い、基準に適合しているものについては基準適合品として登録して認証製品であることを示すマークの表示を認める方法。

◆ 規格適合

・日本産業規格（JIS 規格）や日本水道協会規格（JWWA 規格）等の団体規格の製品は、その性能基準項目の全部に係る性能条件が基準省令の性能基準と同等以上の製品規格である場合、JIS マークや JWWA マーク等によって規格適合が表示されていれば、性能基準適合品として使用することができる。

◆ 給水装置データベース

・厚生労働省では、給水装置用材料が使用可能か否かの判断のため、製品ごとの基準省令に定められている性能基準への適合性に関する情報を、全国的に利用できる給水装置データベースとして構築し、提供している。

◆ 建設業法

・建設業の許可は、5年ごとにその更新を受けなければ、その期間の経過によって、その効力を失う。
・給水装置工事主任技術者免状の交付を受けたのち、管工事に関し実務経験を1年以上有する給水装置工事主任技術者は、管工事業における営業所の専任技術者になることができる。

◆ 労働安全衛生法

・掘削面の高さが2m以上となる地山の掘削作業については、地山の掘削作業主任者を選任する。
・酸素欠乏危険作業を行う場所の空気中の酸素濃度を18%以上に保つように換気する。

◆ 5階建ての建築物に設ける飲料水の配管設備

・給水タンク等の天井・底・周壁は、建築物の他の部分と兼用しない。
・給水タンク等の内部には、飲料水の配管設備以外の配管設備を設けない。
・浸水によりオーバーフロー管から水が逆流するおそれのある場所の給水タンク等には、浸水を検知し警報する装置の設置その他を講じる。
・有効容量が $2m^3$ 未満の給水タンクには、通気のための装置を設ける必要がない。

第４章「給水装置計画論」 超重要！必修ポイント

◆ 給水方式

受水槽式給水方式	高置水槽式	受水槽に受水したのち、ポンプで高置水槽へ汲み上げ、自然流下により給水する。
	ポンプ直送式	受水槽に受水したのち、使用水量に応じてポンプの運転台数の変更や回転数制御によって給水する。
	圧力水槽式	受水槽に受水したのち、ポンプで圧力水槽に貯え、その内部圧力によって給水する。
直結式給水方式	直結直圧式	配水管の動水圧により直接給水する。
	直結増圧式	給水管に直結加圧形ポンプユニットを設置し、高位置まで直結給水する。 直結加圧形ポンプユニットに近接して有効な逆止弁を設置する。
直結・受水槽併用式給水方式		１つの建築物内で直結式、受水槽式の両方の給水方式を併用する。

◆ 受水槽の容量の算定式

受水槽の容量［m^3］＝計画１日使用水量［m^3］×（0.4～0.6）

$$\text{計画 1 日使用水量}\,[\mathrm{m}^3] = \frac{\text{1 人 1 日当たりの使用水量}\,[\mathrm{L}] \times \text{使用人数}}{1000}$$

◆ 同時使用水量の算定式

$$\text{集合住宅の同時使用水量}\,[\mathrm{L/分}] = \text{1 戸当たりの同時使用水量}\,[\mathrm{L/分}] \times \text{総戸数} \times \text{同時使用戸数率}$$

$$\text{1 戸当たりの同時使用水量}\,[\mathrm{L/分}] = \frac{\text{給水用具の使用水量の合計}}{\text{給水用具数}} \times \text{同時使用水量比}$$

◆ 流量・流速の関係式

流量〔m^3/ 秒〕＝給水管の断面積〔m^2〕×流速〔m/ 秒〕

◆ 口径の決定

・給水管の口径は、各水道事業者の定める配水管の水圧において、計画使用水量を十分に供給できるもので、かつ経済性も考慮した合理的な大きさにする。

・口径は、給水用具の立ち上がり高さと計画使用水量に対する総損失水頭を加えたものが、給水管を取り出す配水管の計画最小動水圧の水頭以下となるよう計算によって定める。

◆ 動水勾配線図で示される諸元の関係式

$$H = h' + \Sigma h + M \quad [\mathrm{m}]$$

$$H > h' + \Sigma h \quad [\mathrm{m}]$$

H：計画最小動水圧の水頭〔m〕
h´：給水栓の立ち上がり高さ〔m〕
Σh：総損失水頭〔m〕
M：余裕水頭〔m〕

◆ 動水勾配・配管の摩擦損失水頭

$$\text{動水勾配} = \frac{\text{配管の摩擦損失水頭〔m〕}}{\text{配管の長さ〔m〕}} \times 1000 \quad [‰]$$

$$\text{配管の摩擦損失水頭} = \text{配管の長さ〔m〕} \times \frac{\text{動水勾配〔‰〕}}{1000} \quad [\mathrm{m}]$$

◆ 性能基準

耐圧	・新設工事の場合は、試験水圧 1.75MPa を 1 分間保持する耐圧試験を実施することが望ましい。 ・分水栓、止水栓の耐圧試験は、すべて「開」状態で実施する。 ・波状ステンレス鋼管などのライニング鋼管や金属管では耐圧試験実施時の管の膨張による圧力低下を考慮しなくてよい。
浸出	・適用対象は、通常の使用状態において飲用に供する水が接触する可能性のある給水管及び給水用具に限定される。 ・金属材料の浸出性能試験として、材料試験を選択することはできない。
水撃限界	・試験条件は、給水用具内の流速 2m/ 秒または動水圧 0.15MPa である。 ・水撃作用の発生のおそれのある場合で、給水管の水圧が高い時は、減圧弁を設置し、給水圧を下げる。 ・水撃作用を生じるおそれのある給水用具のすべてが、この性能基準を満たさなければならないわけではない。
防食	・ミクロセル侵食…腐食性の高い土壌、バクテリアによる侵食。 ・マクロセル侵食…異種環境での電池作用による侵食。
逆流防止	・高水圧時の試験水圧は、1.5MPa である。 ・呼び径 25mm 以下の給水管で浴槽に給水する場合、越流面からの吐水口空間は 50mm 以上を確保する。
負圧破壊	・バキュームブレーカは、水受け容器の越流面の上方 150mm 以上の位置に設置する。
耐寒	・耐寒試験の試験温度は－ 20 ± 2℃である。 ・水抜き用給水用具は、水道メーター下流側に設置する。
耐久	・機械的・自動的に頻繁に作動し、かつ通常消費者が自らの意思で選択し、または設置・交換しない弁類に適用される。 ・耐久性能試験に用いる弁類の開閉回数は 10 万回である。

◆ 適用される性能基準

性能基準 給水管及び給水用具	耐圧	浸出	水撃限界	逆流防止	負圧破壊	耐寒	耐久
給水管	◎	◎	–	–	–	–	–
給水栓、ボールタップ	◎	○	○	○	○	○	–
バルブ	◎	○	○	–	–	○	○
継手	◎	○	–	–	–	–	–
浄水器	○	◎	–	○	–	–	–
湯沸器	○	○	○	○	○	○	–
逆止弁	◎	○	–	◎	○	–	◎
ユニット化装置 （流し台、洗面台、浴槽、便器等）	◎	○	○	○	○	○	–
自動食器洗い機、冷水機（ウォータクーラ）、洗浄便座等	◎	○	○	○	○	○	–

凡例

◎…適用される性能基準

○…給水用具の種類、用途（飲用に用いる場合、浸出の性能基準が適用となる）、設置場所により適用される性能基準

ー…適用外

◆ 汚染防止

・給水装置と当該給水装置以外の水管、その他の設備とを直接連結すること（クロスコネクション）は、一時的であっても絶対に行ってはならない。

・給水装置は、防護措置を施したとしても、シアン・六価クロム等の有毒薬品置き場等に近接して設置してはならない。

第６章「給水装置工事法」 超重要！ 必修ポイント

◆ 給水管の取出し工事

・給水管の取出しは配水管の直管部からとし、異形管及び継手からは取り出してはならない。

・硬質ポリ塩化ビニル管に分水栓を取り付ける場合は、配水管の折損防止のためサドル付分水栓を使用する。

・不断水分岐作業の終了後は、水質確認（残留塩素、におい、色、濁り、味）を行う。

◆ サドル付分水栓の穿孔施工

・サドル付分水栓を取り付ける前に、弁体が全開状態になっているか、パッキンが正しく取り付けられているか等を確認する。

・穿孔作業は、刃先が管面に接するまでハンドルを静かに回転させ、最初はドリルの芯がずれないようにゆっくりとドリルを下げる。

◆ 給水管の埋設

埋設深さ

道路部分	通常 1.2m（工事実施上やむを得ない場合は 0.6m）以下としない
宅地部分	0.3m 以上
浅層埋設の適用対象	車道部は舗装の厚さに 0.3m を加えた値（当該値が 0.6m に満たない場合は 0.6m）以下としない

埋設物との距離

・ガス供給管と平行になる場合は、事故防止と修理作業を考慮して、給水管とガス供給管の離隔を 30cm 以上確保する。

◆ 止水栓の設置

・配水管から分岐して最初に設置する止水栓の位置は、外力による損傷防止や開閉操作を容易にするため、宅地内の水道メーター上流、宅地部分の道路境界線近くとする。

◆ 給水管の配管工事

① 地震力に対応するためには、分岐部や埋設深度が変化する部分等に、伸縮可とう性のある管や継手を使用することが望ましい。
② ステンレス鋼管の伸縮可とう式継手の接合は、ワンタッチ方式が主である。
③ 曲げ配管が可能な材料としては、銅管、ポリエチレン二層管などがある。
④ 空気溜りを生じるおそれがある場所にあっては、空気弁を設置する。
⑤ 硬質塩化ビニルライニング鋼管のねじ継手に外面樹脂被覆継手を使用する場合は、埋設の際、さらに防食処理等を施す必要はない。
⑥ 水道配水用ポリエチレン管の EF 継手による接合では、異形管部分の離脱防止対策は不要である。
⑦ ダクタイル鋳鉄管の接合に使用する滑剤は、継手用滑剤に適合するものを使用し、グリース等の油剤類は絶対に使用しない。
⑧ さや管ヘッダ工法で使用する給水管として、主に架橋ポリエチレン管、ポリブテン管が使用されている。

◆ 給水装置の維持管理

配水管工事で断水した場合	スケール（赤錆）が付着しやすくなるため、水道メーターのストレーナを清掃する。
配水管工事で砂や鉄粉が混入した場合	メーターを取り外して管内からそれらを除去する。

第７章「給水装置の概要」 超重要！ 必修ポイント

◆ 給水装置

・需要者が、他の所有者の給水装置から分岐承諾を得て設けた給水管及び給水用具は、給水装置に当たる。

・給水装置は、当該給水装置以外の水管などに接続しないこと。

◆ 給水装置工事

・給水装置工事は、水道施設を損傷しないこと、設置された給水装置に起因して需要者への給水に支障を生じないこと、水道水質の確保に支障を生じたり公衆衛生上の問題が起こらないこと等の観点から、給水装置の構造及び材質の基準に適合した適正な施行が必要である。

・このため、水道法では、水道事業者は給水装置工事を適正に施行できると認められる者の指定をすることができ、この指定をしたときは、水の供給を受ける者の給水装置が水道事業者または指定を受けた者の施行した給水装置工事に係るものであることを供給条件とすることができるとされている。

◆ 水道メーター

・水道メーターは、計量法に定める特定計量器の検定に合格したものでなければならず、検定有効期限は８年である。

計量方法	容積式と流速式に分類され、我が国で使用されている水道メーターは、ほとんどが流速式である。
指示部の形態	計量値をアナログ表示する円読式と、計量値をデジタル表示する直読式がある。
計量部の形態	複箱式のものは、メーターケースの中に別の計量室をもち、ノズルから羽根車に噴射水流を与える構造となっている。

◆ 直結加圧形ポンプユニット

・ポンプ、電動機、制御盤、流水スイッチ等から構成されている。

・圧力タンクは、ポンプの頻繁な発停を防止することを目的としたものであり、停電によりポンプが停止したときに水を供給するための機能は有していない。

◆ 浄水器

・浄水器単独で製造・販売され、消費者が取付けを行うものは、給水用具に該当しない。

◆ 給水用具

止水栓	・玉形弁は、止水部が吊りこま構造であり、損失水頭が大きい。
ボールタップ	・ダイヤフラム式ボールタップは、給水圧力による止水位の変動が小さい。
減圧弁	・一次側の圧力が変動しても、二次側を一次側より低い一定圧力に保持する給水用具である。
逆止弁	・リフト式逆止弁は、弁体が弁座に対し垂直に作動し、弁体の自重で閉止の位置に戻る構造のものである。
バキュームブレーカ	・給水管内に負圧が生じたとき、サイホン作用により使用済の水等が逆流することを防止するため、逆止弁より二次側の負圧部分へ自動的に空気を取り入れ、負圧を破壊する機能を持つ給水用具。

◆ 給水用具の故障と対策

小便器洗浄弁	調節ねじの開け過ぎで吐水量が多い⇒調節ねじを右に回す
ボールタップ付ロータンク	鎖がからまって水が止まらない⇒鎖をたるませる
水栓	スピンドルの孔とこま軸の外径が合わなくなって不快音がする⇒摩耗したこまを取り替える

第8章「給水装置施工管理法」 超重要！ 必修ポイント

◆ 交通保安対策

・道路を掘削した箇所を埋戻したのち、仮舗装を行う際にやむを得ない理由で段差が生じた場合は、5%以内の勾配ですりつける。

・車道幅員を制限する場合、歩行者用として別に幅 0.90m 以上、特に歩行者の多い箇所においては幅 1.5m 以上の通路を確保する。

・工事を予告する道路標識、標示板等を、工事箇所の前方 50m から 500m の間の路側または中央帯のうち視認しやすい箇所に設置する。

◆ 関係者への周知・報告

・工事着手に先立ち、現場付近住民に対し、工事内容について具体的な説明を行い、工事の施行について十分な協力が得られるように努める。

・工事の施行にあたり、事故が発生し、または発生するおそれがある場合は、直ちに必要な措置を講じたうえ、事故の状況及び措置内容を水道事業者や関係官公署に報告する。

◆ 掘削・埋設工事

・近接する埋設物がある場合は、当該埋設物管理者に立会いを求める。

・火気に弱い埋設物や可燃性物質の輸送管などに接近する工事で、やむを得ず火気を伴う機械器具を使用する場合は、当該埋設物管理者と協議する。

◆ 電気事故防止

・水中ポンプその他の電気関係器材は、常に点検と補修を行い、正常な状態で作動させる。

・感電事故防止のために、電力設備に漏電遮断器を設置する。

◆ 工程管理

・工程管理するための工程表には、バーチャート、ネットワーク等があるが、給水装置工事の工事規模の場合はバーチャート工程表が一般的である。

給水装置工事主任技術者試験
テキスト＆問題集

模擬試験問題

・正答一覧…別冊 p.21
・解答用紙…別冊 p.23
・合格基準…本冊 p.6
・試験時間
問題 1 ～問題 40…150 分
問題 41 ～問題 60…60 分

公衆衛生概論

問題 1

水系感染症の原因となる次の病原微生物のうち、浄水場での塩素消毒が有効でないものはどれか。

(1) 病原性大腸菌O 157
(2) レジオネラ属菌
(3) ノロウイルス
(4) クリプトスポリジウム

問題 2

水道水の塩素消毒に関する次の記述のうち、不適当なものはどれか。

(1) 残留塩素とは、消毒効果のある有効塩素が水中の微生物を殺菌消毒したり、有機物を酸化分解した後も水中に残留している塩素のことである。
(2) 水道水中には遊離残留塩素と結合残留塩素が存在し、殺菌効果は遊離残留塩素の方が強く、残留効果は結合残留塩素の方が持続する。
(3) 消毒剤として使用される主たる塩素化合物は、液化塩素、次亜塩素酸ナトリウム及び次亜塩素酸カルシウムである。
(4) 残留塩素の測定には、ジエチル－p－フェニレンジアミン(DPD)と反応して生じる黄色を標準比色液と比較する方法がある。

問題 3

化学物質の飲料水への汚染経路や健康影響に関する次の記述のうち、不適当なものはどれか。

(1) 鉛製の給水管を使用していると、pH 値の低い水や遊離炭酸の多い水に鉛が溶出しやすい。

(2) フッ素の飲料水への混入は、地質や工場排水等に由来する。過度に摂取すると、体内沈着によって斑状歯や骨折の増加等を引き起こす。

(3) 水道原水中の有機物質が浄水場で注入される凝集剤と反応して、発がん性が報告されているトリハロメタン類が生成される。

(4) 有機溶剤であるトリクロロエチレンが、未処理のまま土壌に浸透して飲料用の地下水に混入した事例がある。

水道行政

問題 4

水道法に規定する水道施設の布設工事の監督に関する次の記述の[　　　]内に入る語句のうち、適当なものはどれか。

[　　　]は、一定の資格を有する布設工事監督者の監督のもとで水道施設を建設しなければならない。

(1) 水道事業者及び専用水道の設置者

(2) 水道事業者及び水道用水供給事業者

(3) 水道事業者、水道用水供給事業者及び専用水道の設置者

(4) 水道事業者、水道用水供給事業者、専用水道の設置者及び簡易専用水道の設置者

問題 5

水道法に規定する供給規程に関する次の記述のうち、不適当なものはどれか。

(1) 料金が、能率的な経営の下における適正な原価に照らし公正妥当なものであること。

(2) 料金が、定率又は定額をもって明確に定められていること。

(3) 水道事業者は、供給規程を、その実施の日までに一般に周知させる措置をとらなければならない。

(4) 水道事業者が民間の事業者の場合には、供給規程に定められた供給条件を変更しようとするときは、当該給水区域の市町村長の認可を受けなければならない。

問題 6

指定給水装置工事事業者(以下、本問においては「工事事業者」という。)制度に関する次の記述のうち、不適当なものはどれか。

(1) 水道事業者は、指定の基準を満たす者から申請があれば、工事事業者として指定しなければならない。

(2) 水道事業者による指定給水装置工事事業者の指定の基準は、水道法により地域ごとに定められている。

(3) 水道事業者は、工事事業者が指定の基準に適合しなくなったときは、指定を取り消すことができる。

(4) 水道事業者から工事事業者の指定を取り消され、その取消しの日から2年を経過しない者は、当該水道事業者から指定を受けることができない。

問題 7

水道法第15条の給水義務に関する次の記述のうち、不適当なものはどれか。

(1) 水道事業者は、事業計画に定める給水区域内の需要者から給水契約の申し込みを受けたときは、いかなる場合であってもこれを拒んではならない。

(2) 水道事業者は、正当な理由があってやむを得ない場合には、給水区域の全部又は一部につき給水を停止することができる。

(3) 水道事業者は、当該水道により給水を受ける者が料金を支払わないときは、供給規程の定めるところにより、その者に対する給水を停止することができる。

(4) 水道事業者は、当該水道により給水を受ける者が正当な理由なしに給水装置の検査を拒んだときは、供給規程の定めるところにより、その者に対する給水を停止することができる。

問題 8

水道法に定められている給水装置工事主任技術者の職務に関する次の記述のうち、不適当なものはどれか。

(1) 給水装置工事に係る給水装置の構造及び材質が構造材質基準に適合していることの確認

(2) 給水管を配水管から分岐する工事を施行しようとする場合の配水管の布設位置の確認に関する水道事業者との連絡調整

(3) 水道メーターの下流側から給水栓までの工事を施行しようとする場合の工法、工期その他の工事上の条件に関する水道事業者との連絡調整

(4) 給水装置工事に従事する者の技術上の指導監督

問題 9

水道法に規定する給水装置及び給水装置工事に関する次の記述のうち、不適当なものはどれか。

(1) 配水管から分岐された給水管に直結する水道メーターは、給水装置に該当する。

(2) ビルなどで水道水を一旦受水槽に受けて給水する場合、受水槽以降の給水栓、ボールタップ、湯沸器等の給水用具は給水装置には該当しない。

(3) 工場生産住宅に、工場内で給水管及び給水用具を設置する作業は、給水装置工事ではない。

(4) 配水管から分岐された給水管に直結して自動販売機を設置する工事は、給水装置工事に該当しない。

給水装置工事法

問題 10

給水管の取出し工事に関する次の記述のうち、不適当なものはどれか。

(1) 配水管への取付口における給水管の口径は、当該給水装置による水の使用量に比べて著しく過大であってはならない。

(2) 異形管から給水管を取り出す場合は、外面に付着した土砂や外面被覆材を除去し、入念に清掃したのち施工する。

(3) 硬質ポリ塩化ビニル管に分水栓を取り付ける場合は、配水管の折損防止のためサドル付分水栓を使用する。

(4) 不断水分岐作業の終了後は、水質確認（残留塩素、におい、色、濁り、味）を行う。

問題 11

給水管の明示に関する次の記述のうち、不適当なものはどれか。

(1) 明示シートと管頂の離れは、各水道事業者の指示による。

(2) 宅地部分に布設する給水管の位置については、維持管理上必要がある場合は、明示杭等によりその位置を明示する。

(3) 道路部分に布設する口径 75mm 以上の給水管には、埋設管明示テープなどにより管を明示し、明示テープには埋設物の名称、管理者、埋設年度を表示しなければならない。

(4) 埋設管明示テープの地色は、各道路管理者により定められており、その指示に従い施工する必要がある。

問題 12

給水管の浅層埋設に関する次の記述のうち、不適当なものはどれか。

(1) 給水管の埋設深さは、浅層埋設（平成 11 年 3 月建設省通達）の適用対象となる管種及び口径の場合、車道部は舗装の厚さ（路面から下層路盤底面まで）に 0.3m を加えた値（当該値が 0.6m に満たない場合は 0.6m）以下としない。

(2) 浅層化の通達による浅層埋設の適用対象となる硬質ポリ塩化ビニル管は、口径 200mm 以下のものである。

(3) 浅層化の通達に対する各都市の道路管理者の埋設深さについての対応は、それぞれの地域の実情に合わせて一定の基準を設けて実施している。

(4) 浅層埋設の適用対象となる管種及び口径の使用にあたっては、埋設深さなどについて道路管理者に確認のうえ、埋設深さを可能な限り浅くする。

問題 13

水道メーターの設置に関する次の記述の正誤の組み合わせのうち、適当なものはどれか。

ア 水道メーターは、水道メーター性能、計量精度や耐久性を低下させることのないよう水平に取り付ける。

イ 水道メーターは、メーターの損傷、凍結等のおそれがないよう地中に設置しなければならないので、検針や取替えに支障を生じないようにする。

ウ 水道メーターの呼び径が 13 ～ 40mm の場合は、鋳鉄製、プラスチック製又はコンクリート製等のメーターますとする。

エ 新築の集合住宅の各戸水道メーターの設置には、メーターバイパスユニットを使用する建物が多くなっている。

	ア	イ	ウ	エ
(1)	正	誤	誤	正
(2)	誤	正	正	誤
(3)	正	誤	正	誤
(4)	誤	正	誤	正
(5)	正	正	誤	誤

問題 14

給水装置工事に関する次の記述のうち、不適当なものはどれか。

(1) 給水管が水路を横断する場合は、維持管理を考慮し、原則として水路の上に設置する。

(2) 壁などに配管された給水管の露出部分は、支持金具などにより1 ～ 2m の間隔で建物に固定する。

(3) 給水管を埋設するにあたり、ガス供給管と平行になるため、事故防止と修理作業を考慮して、給水管とガス供給管の離隔を30cm 確保して埋設した。

(4) 掘削深さが 1.5m を超える場合は、切取り面がその箇所の土質に見合った勾配を保って掘削できる場合を除き土留工を施す。

問題 15

サドル付分水栓穿孔に関する次の記述のうち、不適当なものはどれか。

(1) サドル付分水栓を取り付ける前に、弁体が全閉状態になっているか、パッキンが正しく取り付けられているか、塗装面やねじ等に傷がないか等を確認する。

(2) サドル付分水栓は、配水管の管軸頂部にその中心線がくるように取り付け、給水管の取出し方向及びサドル付分水栓が管軸方向から見て傾きがないことを確認する。

(3) サドル付分水栓のボルトナットの締め付けは、全体に均一になるように行う。

(4) 穿孔作業は、刃先が管面に接するまでハンドルを静かに回転させ、穿孔を開始する。最初はドリルの芯がずれないようにゆっくりとドリルを下げる。

問題 16

給水装置工事に関する次のア～エの記述のうち、適当なものの数はどれか。

ア　給水管を埋設するに際し、ガス管との離隔を 40cm 確保し配管した。

イ　給水管を埋設するために道路を掘削したところ、白色の明示テープで巻かれた管が露出したため、保安対策のためガス会社へ連絡し、立会いを求めた。

ウ　配水管から分岐して最初に設置する止水栓の位置を、外力による損傷防止や開閉操作を容易にするため、宅地内の水道メーター直近下流とした。

エ　口径 20mm のポリエチレン 1 種二層管を配管するにあたり、曲げ半径を 60cm で管を曲げて配管した。

(1) 1
(2) 2
(3) 3
(4) 4

問題 17

消防法の適用を受ける水道直結式スプリンクラー設備に関する次の記述のうち、不適当なものはどれか。

(1) 水道直結式スプリンクラー設備の設置にあたり、分岐する配水管からスプリンクラーヘッドまでの水理計算及び給水管、給水用具の選定は、消防設備士が行う。

(2) 水道直結式スプリンクラー設備の工事は、水道法に定める給水装置工事として指定給水装置工事事業者が施工する。

(3) 乾式配管方式の水道直結式スプリンクラー設備は、消火時の水量をできるだけ多くするため、給水管分岐部と電動弁との間を長くすることが望ましい。

(4) 災害その他正当な理由によって、一時的な断水や水圧低下によりスプリンクラー設備の性能が十分発揮されない状況が生じても水道事業者に責任がない。

問題 18

給水装置の維持管理に関する次のア〜エの記述のうち、適当なものの数はどれか。

ア 適正に施工された給水装置であっても、その後の維持管理の適否は安全な水の安定的な供給に大きな影響を与えるため、給水装置工事主任技術者は、給水装置の維持管理について需要者に対して適切な情報提供を行う。

イ 配水管からの分岐以降水道メーターまでの間の漏水修繕などの維持管理において、水道事業者が無料修繕を行う範囲は水道事業者によって異なる。

ウ 水道メーターの下流から末端給水用具までの間の維持管理は、すべて需要者の責任である。

エ 指定給水装置工事事業者は、末端給水装置から供給された水道水の水質に関して異常があった場合には、まず給水用具等に異常がないか確認した後に水道事業者に報告しなければならない。

(1) 1

(2) 2

(3) 3

(4) 4

問題 19

給水管の接合に関する次の記述の正誤の組み合わせのうち、適当なものはどれか。

ア　銅管のろう接合とは、管の差込み部と継手受口との隙間にろうを加熱溶解して、毛細管現象により吸い込ませて接合する方法である。

イ　硬質塩化ビニルライニング鋼管のねじ継手に外面樹脂被覆継手を使用する場合は、埋設の際、さらに防食テープを巻く等の防食処理等を施す必要がある。

ウ　ポリエチレン粉体ライニング鋼管の EF 継手による接合は、接合方法がマニュアル化され、かつ EF コントローラによる最適融着条件が自動制御されるなどの特長がある。また、異形管部分の離脱防止対策が不要である。

エ　ダクタイル鋳鉄管の接合に使用する滑剤は、継手用滑剤に適合するものを使用し、グリース等の油剤類は絶対に使用しない。

	ア	イ	ウ	エ
(1)	正	正	誤	誤
(2)	誤	正	正	誤
(3)	誤	正	誤	正
(4)	正	誤	誤	正
(5)	正	誤	正	誤

給水装置の構造及び性能

問題 20

給水装置の水撃限界性能基準に関する次の記述のうち、不適当なものはどれか。

(1) 水撃作用とは、止水機構を急に閉止した際に管路内に生じる圧力の急激な変動作用をいう。

(2) 水撃限界性能基準は、給水用具の止水機構が急閉止する際に生じる水撃作用により、給水装置に破壊などが生じることを防止するためのものである。

(3) 水撃限界性能基準は、水撃発生防止仕様の給水用具であるか否かの判断基準であるので、水撃作用を生じるおそれのある給水用具はすべてこの基準を満たしていなければならない。

(4) 水撃限界性能基準では、湯水混合水栓等などにおいて、同一の仕様の止水機構が水側と湯側についているような場合は、いずれか一方の止水機構について試験を行えばよい。

問題 21

負圧破壊性能基準に関する次の記述のうち、不適当なものはどれか。

(1) バキュームブレーカとは、器具単独で販売され、水受け容器からの取付け高さが施工時に変更可能なものをいう。

(2) バキュームブレーカは、負圧破壊性能試験により流入側からマイナス 54kPa の圧力を加えたとき、バキュームブレーカに接続した透明管内の水位の上昇が 75mm を超えないこととされている。

(3) 水受け部と吐水口が一体の構造であり、かつ水受け部の越流面と吐水口の間が分離されていることにより水の逆流を防止する構造の給水用具は、負圧破壊性能試験により流入側からマイナス 54kPa の圧力を加えたとき、吐水口から水を引き込まないこととされている。

(4) 負圧破壊装置を内部に備えた給水用具とは、製品の仕様として負圧破壊装置の位置が施工時に変更可能なものをいう。

問題 22

配管工事後の耐圧試験に関する次の記述の正誤の組み合わせのうち、適当なものはどれか。

ア 配管工事後の耐圧試験の試験水圧は定量的な基準はなく、水道事業者が給水区域内の実情を考慮し、試験水圧を定めることができる。

イ 耐圧試験を実施する場合、管が膨張し圧力が低下することに注意しなければならないのは、柔軟性のあるポリエチレン二層管、架橋ポリエチレン管、ポリブテン管である。

ウ 新設工事の場合は、配管や接合部の施工が確実に行われたかを確認するため、試験水圧 0.75MPa を 1 分間保持する耐圧試験を実施することが望ましい。

エ 分水栓、止水栓、給水栓等止水機能のある給水用具の止水性能を確認するため、止水機能のある栓の弁はすべて「閉」状態で耐圧試験を実施する。

	ア	イ	ウ	エ
(1)	正	誤	正	誤
(2)	正	正	誤	誤
(3)	誤	正	誤	正
(4)	正	誤	正	正
(5)	誤	正	正	誤

問題 23

給水装置の耐久性能基準に関する次の記述のうち、不適当なものはどれか。

(1) 耐久性能基準の適用対象は、弁類単体として製造・販売され、施工時に取り付けられるものに限られる。

(2) 耐久性能基準は、制御弁類のうち機械的・自動的に頻繁に作動し、かつ通常消費者が自らの意思で選択し、又は設置・交換できるような弁類に適用する。

(3) 弁類は、耐久性能試験により 10 万回の開閉操作を繰り返す。

(4) ボールタップについては、通常故障が発見しやすい箇所に設置されており、耐久性能基準の適用対象にしないこととしている。

問題 24

下図のように、呼び径 13mm の給水管からボールタップを通して水槽に給水している。この水槽を、事業活動に伴って薬品を入れる水槽として利用するとき、確保すべき吐水口空間に関する次の記述のうち、適当なものはどれか。

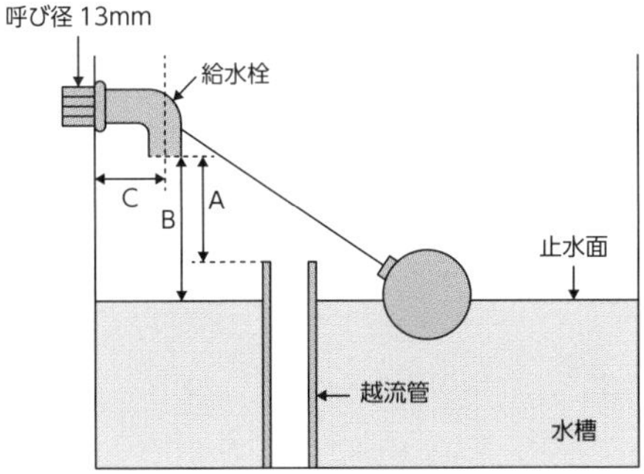

(1) 図中の距離 A を 100mm 以上、図中の距離 C を 50mm 以上確保する。

(2) 図中の距離 A を 200mm 以上、図中の距離 C を 25mm 以上確保する。

(3) 図中の距離Bを100mm以上、図中の距離Cを25mm以上確保する。

(4) 図中の距離Bを200mm以上、図中の距離Cを50mm以上確保する。

問題 25

給水装置の耐寒性能基準に関する次の記述のうち、適当なものはどれか。

(1) 耐寒性能試験の－10±2℃という試験温度は、寒冷地における冬季の最低気温を想定したものである。

(2) 耐寒性能基準においては、凍結防止の方法は水抜きに限定している。

(3) 耐寒性能基準は、寒冷地仕様の給水用具か否かの判断基準であり、凍結のおそれがある場所において設置される給水用具はすべてこの基準を満たしていなければならない。

(4) 低温に暴露した後に確認すべき性能基準項目から浸出性能を除いたのは、低温暴露により材質などが変化することは考えられず、浸出性能に変化が生じることはないと考えられることによる。

問題 26

金属管の侵食に関する次の記述の正誤の組み合わせのうち、適当なものはどれか。

ア 埋設された金属管が異種金属の管や継手、ボルト等と接触していると、自然電位の低い金属と自然電位の高い金属との間に電池が形成され、自然電位の高い金属が侵食される。

イ 地中に埋設した鋼管が部分的にコンクリートと接触している場

合、アルカリ性のコンクリートに接している部分の電位が、コンクリートと接触していない部分より高くなって腐食電池が形成され、コンクリートと接触していない部分が侵食される。

ウ　ミクロセル侵食とは、埋設状態にある金属材質、土壌、乾湿、通気性、pH 値、溶解成分の違い等の異種環境での電池作用による侵食をいう。

エ　金属管が鉄道、変電所等に近接して埋設されている場合に、漏洩電流による電気分解作用により侵食を受ける。このとき、電流が金属管から流出する部分に侵食が起きる。

	ア	イ	ウ	エ
(1)	正	誤	正	誤
(2)	正	正	誤	誤
(3)	誤	正	誤	正
(4)	誤	誤	正	正
(5)	誤	正	正	誤

問題 27

水道水の汚染防止に関する次の記述のうち、不適当なものはどれか。

(1) 末端部が行き止まりとなる給水管は、停滞水が生じ、水質が悪化するおそれがあるため極力避ける。

(2) 合成樹脂管をガソリンスタンド、自動車整備工場等に埋設配管する場合は、油分などの浸透を防止するため、さや管などにより適切な防護措置を施す。

(3) 給水管路に近接してシアン、六価クロム等の有毒薬品置場、有害物の取扱場、汚水槽等の汚染源がある場合は、給水管をさや管などにより適切に保護する。

(4) 一時的、季節的に使用されない給水装置には、給水管内に長期間水の停滞を生じることがあるため、適量の水を適時飲用以外で使用することにより、その水の衛生性を確保する。

問題 28

給水装置の性能基準に関する次の記述の正誤の組み合わせのうち、適当なものはどれか。

ア　飲用に用いる湯沸器に適用される性能基準には、耐圧性能、浸出性能及び耐久性能基準がある。

イ　逆止弁（減圧式逆流防止器を除く）に適用される性能基準には、耐圧性能、浸出性能、逆流防止性能及び耐久性能基準がある。

ウ　浄水器に適用される性能基準には、耐圧性能、浸出性能及び水撃限界性能基準がある。

エ　継手に適用される性能基準には、耐圧性能及び浸出性能基準がある。

	ア	イ	ウ	エ
(1)	正	誤	正	誤
(2)	正	正	誤	誤
(3)	誤	正	誤	正
(4)	正	誤	誤	正
(5)	誤	誤	正	正

問題 29

給水装置の浸出性能基準に関する次の記述のうち、不適当なものはどれか。

(1) 浸出性能基準は、給水装置から金属などが浸出し、飲用に供される水が汚染されることを防止するためのものである。

(2) 浸出性能基準の適用対象は、通常の使用状態において飲用に供する水が接触する可能性のある給水管及び給水用具に限定される。

(3) 金属材料の浸出性能試験は、最終製品で行う器具試験のほか、部品試験や材料試験も選択できる。

(4) 営業用として使用される製氷機は、給水管との接続口から給水用具内の水受け部への吐水口までの間の部分について評価を行えばよい。

(5) 浸出性能基準の適用対象外の給水用具の例として、ふろ用の水栓、洗浄便座、ふろ給湯専用の給湯機があげられる。

給水装置計画論

問題 30

給水方式の決定に関する次の記述の正誤の組み合わせのうち、適当なものはどれか。

ア　給水方式には、直結式、受水槽式及び直結・受水槽併用式があり、その方式は給水する高さ、所要水量、使用用途及び維持管理面を考慮し決定する。

イ　水道事業者ごとに、水圧状況、配水管整備状況等により給水方式の取扱いが異なるため、その決定に当たっては、設計に先立ち、水道事業者に確認する必要がある。

ウ　直結式給水は、配水管の水圧で直結給水する方式（直結直圧式）と、給水管の途中に圧力水槽を設置して給水する方式（直結増圧式）がある。

エ　受水槽式給水は、配水管から分岐し受水槽に受け、この受水槽から給水する方式であり、受水槽出口で配水系統と縁が切れる。

	ア	イ	ウ	エ
(1)	正	正	誤	誤
(2)	正	誤	誤	正
(3)	誤	誤	正	正
(4)	誤	正	正	誤
(5)	正	誤	正	誤

問題 31

受水槽式の給水方式に関する次の記述の正誤の組み合わせのうち、適当なものはどれか。

ア　受水槽式は、水道水を一旦受水槽で受け給水する方式で、配水管の水圧が変動しても受水槽以降では給水圧、給水量を一定の変動幅に保持できるなどの長所がある。

イ　圧力水槽式は、受水槽に受水したのち、使用水量に応じてポンプの運転台数の変更や回転数制御によって給水する方式である。

ウ　配水管の水圧が高いときは、受水槽への流入時に給水管を流れる流量が過大となるため、定水位弁、逆止弁を設置することが必要である。

エ　有毒薬品を使用する工場等事業活動に伴い、水を汚染するおそれのある場所に給水する場合は、受水槽式とする。

	ア	イ	ウ	エ
(1)	正	正	誤	誤
(2)	正	誤	誤	正
(3)	誤	誤	正	正
(4)	誤	正	誤	正
(5)	誤	正	正	誤

問題 32

直結式給水による15戸の集合住宅での同時使用水量として、次のうち、適当なものはどれか。

ただし、同時使用水量は、標準化した同時使用水量により計算する方法によるものとし、1戸当たりの末端給水用具の個数と使用水量、末端給水用具数と同時使用水量比の関係、並びに集合住宅の給水戸数と同時使用戸数率は、それぞれ**表−1**から**表−3**のとおりとする。

(1) 225（L/分）

(2) 340（L/分）

(3) 400（L/分）

(4) 500（L/分）

表－１　１戸当たりの給水用具の個数と使用水量

給水用具	個数	使用水量（L/分）
台所流し	1	12
洗濯流し	1	12
浴槽（和式）	1	20
大便器（洗浄タンク）	1	12
洗面器	1	8

表－２　末端給水用具数と同時使用水量比

総末端給水用具数	1	2	3	4	5	6	7	8	9	10	15	20
同時使用水量比	1.0	1.4	1.7	2.0	2.2	2.4	2.6	2.8	2.9	3.0	3.5	4.0

表－３　給水戸数と同時使用戸数率

戸数	1～3	4～10	11～20	21～30	31～40	41～60	61～80	81～100
同時使用戸数率(%)	100	90	80	70	65	60	55	50

問題 33

受水槽式給水による従業員数 250 人（男子 200 人、女子 50 人）の事務所における標準的な受水槽容量の範囲として、次のうち、適当なものはどれか。

ただし、1 人 1 日当たりの使用水量は、男子 50L/ 人、女子 100L/ 人とする。

(1)　$6m^3$ ～ $9m^3$

(2)　$9m^3$ ～ $12m^3$

(3) $12m^3$ ～ $15m^3$

(4) $15m^3$ ～ $18m^3$

問題 34

給水管の口径の決定に関する次の記述の［　　］内に入る語句の組み合わせのうち、適当なものはどれか。

給水管の口径は、各水道事業者の定める［ア］において、［イ］を十分に供給できるもので、かつ経済性も考慮した合理的な大きさにする。

口径は、給水用具の立上がり高さと［イ］に対する［ウ］を加えたものが、給水管を取り出す配水管の［エ］の水頭以下となるよう計算によって定める。

	ア	イ	ウ	エ
(1)	水量	同時使用水量	総損失水頭	計画最大静水圧
(2)	水圧	計画使用水量	総余裕水頭	計画最大静水圧
(3)	水量	同時使用水量	総余裕水頭	計画最小動水圧
(4)	水圧	計画使用水量	総損失水頭	計画最小動水圧

問題 35

図－1に示す給水装置における A ～ B 間で最低限必要な給水管口径として、適当なものはどれか。

ただし、A ～ B 間の口径は同一で、損失水頭は給水管の損失水頭と総給水用具の損失水頭とし、給水管の流量と動水勾配の関係は**図－2**を用い、管の曲がりによる損失水頭は考慮しないものとする。また、計算に用いる数値条件は次の通りとする。

① 配水管水圧水頭として 20m

② 給水管の使用水量 48L/ 分

③ 余裕水頭 10m

④ A ～ B 間の総給水用具（分水栓、甲形止水栓、水道メーター及び給水栓）の損失水頭の直管換算長 25m

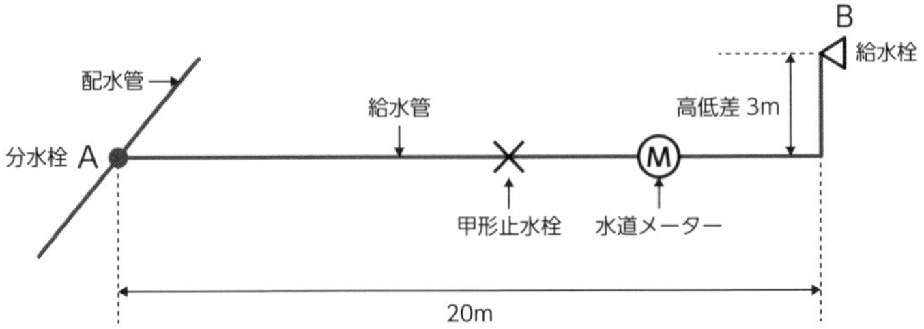

図－１　給水装置

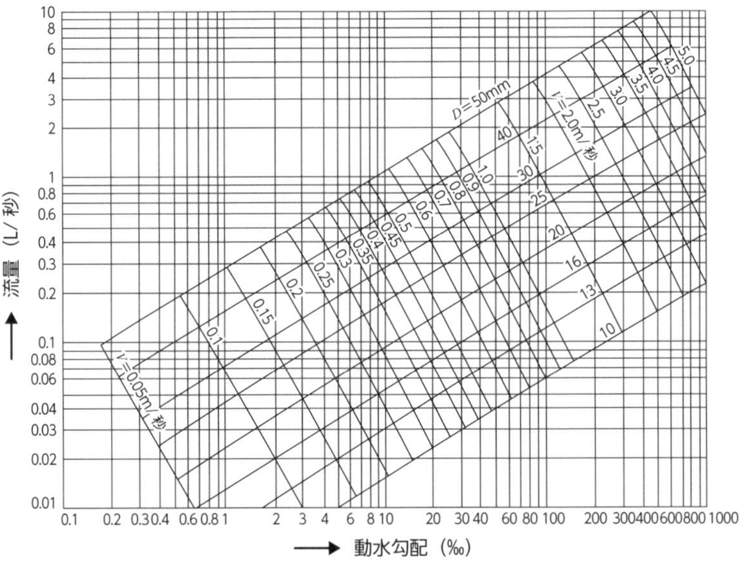

図－２　ウェストン公式による給水管の流量図

(1) 13mm

(2) 20mm

(3) 25mm

(4) 30mm

給水装置工事事務論

問題 36

指定給水装置工事事業者（以下、本問においては「工事事業者」という。）による給水装置工事主任技術者（以下、本問においては「主任技術者」という。）の選任に関する次の記述のうち、不適当なものはどれか。

(1) 工事事業者は、給水装置工事の事業を行う事業所ごとに、主任技術者を選任しなければならない。

(2) 工事事業者の指定を受けようとする者が提出する申請書の記載事項には、それぞれの事業所において選任されることとなる主任技術者の氏名も含まれる。

(3) 工事事業者は、選任した主任技術者が欠けるに至った場合、新たな主任技術者を選任しなければならないが、その選任の期限は特に定められていない。

(4) 主任技術者は、給水装置工事を適切に行わず、水道法に違反したときは、厚生労働大臣から主任技術者の免状の返納を命じられることがある。

問題 37

労働安全衛生に関する次の記述のうち、不適当なものはどれか。

(1) 掘削面の高さが 2m 以上となる地山の掘削（ずい道及びたて坑以外の坑の掘削を除く。）作業については、地山の掘削作業主任者を選任しなければならない。

(2) 作業主任者の主な職務は、作業の方法を決定し作業を直接指揮すること、器具及び工具を点検し不良品を取り除くこと、保護帽及び安全靴等の使用状況を監視することである。

(3) 事業者は、酸素欠乏危険作業を行う場所において酸素欠乏のおそれが生じたときは、直ちに作業を中止し、労働者をその場所から退避させなければならない。

(4) 事業者は、爆発、酸化等を防止するため換気することができない場合又は作業の性質上換気することが著しく困難な場合を除き、酸素欠乏危険作業を行う場所の空気中の酸素濃度を15%以上に保つように換気しなければならない。

問題 38

水道事業者による給水装置の検査の際の指定給水装置工事事業者（以下、本問においては「工事事業者」という。）及び給水装置工事主任技術者（以下、本問においては「主任技術者」という。）に求められる事項に関する次の記述の正誤の組み合わせのうち、適当なものはどれか。

ア 水道事業者による検査は、当該工事事業者の竣工検査において、給水装置が給水装置の構造及び材質の基準に関する省令に適合していることが証明されていれば、省略することができる。

イ 水道事業者による検査は、工事を行った後の給水装置が、給水装置の構造及び材質の基準に関する省令に適合していることを確認し、施主に当該給水装置を引き渡すための最終的な工事品質確認である。

ウ 工事事業者は、水道事業者に竣工図などを添えて工事完了の届出を行い、水道事業者の検査を受けなければならない。

エ 水道事業者は、検査の厳正を期するため、主任技術者の立会いを求めなければならず、主任技術者はこれに応じなければならない。

	ア	イ	ウ	エ
(1)	正	誤	誤	正
(2)	誤	正	正	誤
(3)	誤	正	誤	誤
(4)	正	誤	正	正
(5)	正	誤	正	誤

問題 39

給水装置の構造及び材質の基準に関する省令（以下本問では「基準省令」という。）に定める性能基準の適合に関する次の記述のうち、不適当なものはどれか。

(1) 基準省令に定められている性能基準は、給水管及び給水用具ごとにその性能と使用場所に応じて適用される。例えば、給水管は耐圧性能と浸出性能が必要であり、飲用に用いる給水栓は、耐圧性能、浸出性能及び逆流防止性能が必要となる。

(2) 自己認証は、給水管、給水用具の製造業者等が自ら又は製品試験機関などに委託して得たデータや作成した資料等に基づいて、性能基準適合品であることを証明するものである。

(3) 第三者認証とは、中立的な第三者機関が製品試験や工場検査等を行い、基準に適合しているものについては基準適合品として登録して認証製品であることを示すマークの表示を認める方法である。

(4) 給水装置に使用する給水管で、性能基準を包含する日本工業規格（JIS 規格）や日本水道協会規格（JWWA 規格）等の団体規格の製品は、JIS マークや JWWA マーク等によって規格適合が表示されていれば性能基準適合品として使用することができる。

問題 40

建設業法に関する次の記述のうち、不適当なものはどれか。

(1) 建設業者は、その請け負った建設工事を施工するとき、当該工事現場に技術上の管理をつかさどる主任技術者又は監理技術者を置かなければならない。

(2) 公共性のある施設若しくは工作物又は多数の者が利用する施設若しくは工作物に関する重要な建設工事で政令で定めるものに置く主任技術者又は監理技術者は、工事現場ごとに、専任の者でなければならない。

(3) 建設業の許可は、5 年ごとにその更新を受けなければ、その期間の経過によって、その効力を失う。

(4) 給水装置工事主任技術者免状の交付を受けたのち、管工事に関し実務経験を6か月以上有する給水装置工事主任技術者は、管工事業における営業所の専任技術者になることができる。

給水装置の概要

問題 41

給水装置に関する次の記述の正誤の組み合わせのうち、適当なものはどれか。

ア　給水装置は、水道事業者の施設である配水管から分岐して設けられた給水管及びこれに直結する給水用具によって構成される。よって、需要者が、他の所有者の給水装置から分岐承諾を得て設けた給水管及び給水用具は、給水装置には当たらない。

イ　水道法で定義している「直結する給水用具」とは、給水管に容易に取外しのできない構造として接続し、有圧のまま給水できる給水栓等の給水用具をいい、ホース等で、容易に取外しの可能な状態で接続される器具は含まれない。

ウ　水道法により水道事業者は供給規程を定めることになっており、この供給規程では、給水装置工事の費用については、原則として当該給水装置の新設又は撤去は水道事業者が、改造又は修繕の費用については需要者が負担することとしている。

エ　給水装置は、当該給水装置以外の水管や給水用具でない設備に接続しないこと、ふろなどの水受け容器に給水する場合は給水管内への水の逆流を防止する措置を講じること、材質が水道水の水質に影響を及ぼさないこと、内圧・外圧に対し十分な強度を有していること等が必要である。

	ア	イ	ウ	エ
(1)	正	誤	正	正
(2)	誤	正	誤	正
(3)	誤	誤	正	誤
(4)	正	正	誤	誤
(5)	正	誤	正	誤

問題 42

給水管に関する次の記述の正誤の組み合わせのうち、適当なものはどれか。

ア　硬質塩化ビニルライニング鋼管の切断及びねじ切りに当たっては、ライニングされた塩化ビニル部分への局部加熱を避けることや内面にかえりが出ないようにする。

イ　ポリエチレン二層管は、変位吸収性を有しているため、耐震性に富むとともに、波状部において任意の角度を形成でき、継手が少なくてすむ等の配管施工の容易さを備えている。

ウ　ポリブテン管は、有機溶剤、ガソリン等に接すると、管に浸透し、管の軟化・劣化や水質事故を起こすことがあるので、これらの物質と接触させてはならない。

エ　銅管には、硬質銅管と軟質銅管があるが、現場での手曲げ配管には適していない。

	ア	イ	ウ	エ
(1)	誤	誤	正	誤
(2)	誤	正	正	正
(3)	正	誤	誤	正
(4)	正	誤	正	誤
(5)	正	正	誤	誤

問題 43

給水管の接合及び継手に関する次の記述の［　　　］内に入る語句の組み合わせのうち、適当なものはどれか。

① ステンレス鋼管の継手の種類としては、伸縮可とう式継手と［　ア　］がある。

② 架橋ポリエチレン管の継手の種類としては、［　イ　］と電気融着式継手がある。

③ 水道配水用ポリエチレン管の継手の種類としては、［　イ　］と［　ウ　］がある。

④ ポリエチレン二層管の継手には、［　エ　］が用いられる。

	ア	イ	ウ	エ
(1)	プッシュオン継手	メカニカル式継手	フランジ継手	金属継手
(2)	プッシュオン継手	熱融着式継手	電気融着式継手	管端防食継手
(3)	プレス式継手	熱融着式継手	フランジ継手	管端防食継手
(4)	プレス式継手	メカニカル式継手	電気融着式継手	金属継手

問題 44

水道メーターに関する次の記述の正誤の組み合わせのうち、適当なものはどれか。

ア　水道メーターは、各水道事業者により使用する型式が異なるため、設計に当たっては、あらかじめこれらを確認する必要がある。

イ　水道メーターの指示部の形態は、計量値をアナログ表示する直読式と、計量値をデジタル表示する円読式がある。

ウ　水道メーターの遠隔指示装置は、設置したメーターの指示水量をメーターから離れた場所で能率よく検針するために設けるものである。

エ　水道メーターの計量部の形態が単箱式のものは、メーターケースの中に別の計量室をもち、ノズルから羽根車に噴射水流を与える構造となっている。

	ア	イ	ウ	エ
(1)	正	正	誤	誤
(2)	誤	誤	正	正
(3)	正	誤	正	誤
(4)	誤	正	誤	正
(5)	誤	正	誤	誤

問題 45

給水用具の故障に関する次の記述の正誤の組み合わせのうち、適当なものはどれか。

ア　小便器洗浄弁の吐水量が少なかった。調査したところ、調整ねじが閉め過ぎだったので、調整ねじを左に回して吐水量を増やした。

イ　副弁付定水位弁の故障で水が出なくなった。調査したところ、ストレーナに異物が詰まっていたので、取り外して副弁付定水位弁を使用した。

ウ　受水槽のボールタップの故障で水が止まらなくなった。調査したところ、パッキンが摩耗していたので、パッキンを取り替えた。

エ　水栓から不快音がした。調査したところ、スピンドルの孔とこま軸の外径が合わなく、がたつきがあったため、スピンドルを取り替えた。

	ア	イ	ウ	エ
(1)	正	誤	正	誤

(2) 誤　誤　誤　正

(3) 正　正　誤　誤

(4) 正　誤　誤　正

(5) 正　正　正　誤

問題 46

給水用具に関する次の記述のうち、不適当なものはどれか。

(1) ボールタップは、フロートの上下によって自動的に弁を開閉する構造になっており、水洗便器のロータンクや、受水槽に給水する給水用具である。

(2) 空気弁は、管内に停滞した空気を自動的に排出する機能を持った給水用具である。

(3) バキュームブレーカは、給水管内に負圧が生じたとき、サイホン作用により使用済みの水等が逆流し水が汚染されることを防止するため、逆止弁により逆流を防止するとともに逆止弁により二次側（流出側）の負圧部分へ自動的に水を取り入れ、負圧を破壊する機能を持つ給水用具である。

(4) ウォータクーラは、冷却槽で給水管路内の水を任意の一定温度に冷却し、押ボタン式又は足踏式の開閉弁を操作して、冷水を射出する給水用具である。

問題 47

給水用具に関する次の記述のうち、不適当なものはどれか。

(1) 減圧弁は、調整ばね、ダイヤフラム、弁体等の圧力調整機構によって、一次側の圧力が変動しても、二次側を一次側より低い一定圧力に保持する給水用具である。

(2) 吸排気弁は、一次側の圧力が、あらかじめ設定された圧力以上になると、弁体が自動的に開いて過剰圧力を逃がし、圧力が所定の値に降下すると閉じる機能を持つ給水用具である。

(3) 定流量弁は、ばね、オリフィス、ニードル式等による流量調整機構によって、一次側の圧力にかかわらず流量が一定になるよう調整する給水用具である。

(4) 定量水栓は、ハンドルの目盛を必要水量にセットしておくと、設定した水量を吐水したのち自動的に止水するものである。

問題 48

給水用具の故障に関する次の記述の正誤の組み合わせのうち、適当なものはどれか。

ア 水栓から漏水しているのは、弁座の摩耗、損傷が原因の一つと考えられる。

イ ボールタップ付ロータンクの水が止まらないのは、フロートの弁が損傷していることが原因の一つと考えられる。

ウ 小便器洗浄弁から多量の水が流れっぱなしとなるのは、開閉ねじの開け過ぎが原因の一つと考えられる。

エ 大便器洗浄弁から水撃が生じるのは、弁座パッキンを押しているビスの緩みが原因の一つと考えられる。

	ア	イ	ウ	エ
(1)	正	誤	正	誤
(2)	誤	正	誤	正
(3)	正	正	誤	誤
(4)	誤	誤	正	正
(5)	正	誤	誤	正

問題 49

水道メーターに関する次の記述の［　　　］内に入る語句の組み合わせのうち、適当なものはどれか。

よこ型軸流羽根車式水道メーターは、メーターケースに流入した水流が、整流器を通って［　ア　］に設置された螺旋状羽根車に沿って流れ、羽根車を回転させる構造となっている。よこ型は、通過容量が［　イ　］ため圧力損失は小さいが、羽根車の回転負荷がやや［　ウ　］、微小流量域での性能が［　エ　］。

	ア	イ	ウ	エ
(1)	水平	大きい	大きく	若干劣る
(2)	垂直	大きい	小さく	若干劣る
(3)	水平	小さい	大きく	優れる
(4)	垂直	小さい	小さく	優れる

問題 50

直結加圧形ポンプユニットに関する次の記述のうち、不適当なものはどれか。

(1) 直結加圧形ポンプユニットは、ポンプ、電動機、制御盤、流水スイッチ等から構成されている。

(2) 直結加圧形ポンプユニットは、始動・停止による配水管の圧力変動が極小であり、ポンプ運転による配水管の圧力に脈動が生じないものを用いる。

(3) 直結加圧形ポンプユニットを構成する圧力タンクは、停電によりポンプが停止したときに水を供給するためのものである。

(4) 直結加圧形ポンプユニットは、ポンプを複数台設置し、1台が故障しても自動切換えにより給水する機能や運転の偏りがないように自動的に交互運転する機能などを有している。

問題 51

給水管に関する次の記述の正誤の組み合わせのうち、適当なものはどれか。

ア　波状ステンレス鋼管は、変位吸収性を有しているため、耐震性に富むとともに、波状部において任意の角度を形成でき、継手が少なくてすむ等の配管施工の容易さを備えている。

イ　硬質ポリ塩化ビニル管は、難燃性であり、熱及び衝撃にも比較的強い。しかし、管に傷がつくと破損し易くなるため、外傷を受けないよう取り扱う必要がある。

ウ　銅管は、アルカリに侵されず、スケールの発生も少ない。また、耐食性に優れているため肉薄化しているので、軽量で取扱いが容易である。しかし、遊離炭酸が多い水には適さない。

エ　ポリエチレン二層管は、有機溶剤、ガソリン、灯油等に接すると、管に浸透し、管の軟化・劣化や水質事故を起こすことがあるので、これらの物質と接触させてはならない。

	ア	イ	ウ	エ
(1)	正	正	誤	正
(2)	正	誤	誤	正
(3)	誤	正	正	誤
(4)	正	誤	正	正
(5)	誤	誤	正	正

問題 52

浄水器に関する次の記述のうち、不適当なものはどれか。

(1)　浄水器は、水道水中の残留塩素などの溶存物質や濁度等の減少を主目的とした給水用具である。

(2)　浄水器は、家庭用品品質表示法施行令によって、浄水器の材料、性能等の品質を表示することが義務付けられている。

(3) 水栓の流出側に取り付けられ常時水圧が加わらない浄水器のうち、浄水器と水栓が一体として製造・販売されるものは給水用具に該当しない。

(4) 水栓の流入側に取り付けられ常時水圧が加わる浄水器は、すべて給水用具に該当する。

問題 53

湯沸器に関する次の記述の正誤の組み合わせのうち、適当なものはどれか。

ア　給水装置として取り扱われる貯湯湯沸器は、そのほとんどが貯湯部にかかる圧力が 100kPa 以下で、かつ伝熱面積が 4 m^2 以下の構造のものである。

イ　瞬間湯沸器は、給湯に連動してガス通路を開閉する機構を備え、最高 85℃程度まで上げることができるが、通常は 40℃前後で使用される。

ウ　貯蔵湯沸器は、ボールタップを備えた器内の容器に貯水した水を、一定温度に加熱して給湯するもので、水圧がかからないため湯沸器設置場所でしか湯を使うことができない。

エ　太陽熱利用貯湯湯沸器は、太陽集熱装置系と上水道系が蓄熱槽内で別系統となっている二回路式と太陽集熱装置系内に水道水が循環する水道直結式の２種類に分類できる。

	ア	イ	ウ	エ
(1)	誤	正	誤	正
(2)	正	正	誤	正
(3)	正	誤	正	誤
(4)	誤	誤	正	誤
(5)	正	正	正	誤

問題 54

給水用具の故障に関する次の記述のうち、不適当なものはどれか。

(1) 湯沸器にはいろいろの種類があり、その構造も複雑である。故障が発生した場合は、需要者等が修理することは困難かつ危険であり、簡易なもの以外は、製造業者に修理を依頼する。

(2) ボールタップ付ロータンクの水が止まらなかった。調査したところ、鎖がからまっていたため、鎖のたるみを無くした。

(3) 水栓のスピンドルのがたつきがあった。調査したところ、スピンドルのねじ山が摩耗していたので、水栓を取り替えた。

(4) 大便器洗浄弁から常に大量の水が流出していた。調査したところ、ピストンバルブの小孔が詰まっていたので、ピストンバルブを取外し、小孔を掃除した。

問題 55

給水用具に関する次の記述のうち、不適当なものはどれか。

(1) 2ハンドル式の混合水栓は、湯側・水側の2つのハンドルを操作し、吐水・止水、吐水量の調整、吐水温度の調整ができる。

(2) サーモスタット式の湯水混合水栓は、温度調整ハンドルの目盛を合わせることで安定した吐水温度を得ることができる。

(3) ミキシングバルブは、湯・水配管の途中に取付けて、湯と水を混合し、設定流量の湯を吐水するための給水用具であり、ハンドル式とサーモスタット式がある。

(4) 止水栓は、給水の開始、中止及び給水装置の修理その他の目的で給水を制限又は停止するために使用する給水用具である。

給水装置施工管理法

問題 56

施工管理に関する次の記述の［　　　］内に入る語句の組み合わせのうち、適当なものはどれか。

施工管理の責任者は、事前に当該工事の施工内容を把握し、それに沿った［ ア ］（実施工程表、施工体制、施工方法、品質管理方法、安全対策等）を作成し、工事従事者に周知を図っておく。また、工事施行に当たっては、計画に基づく工程管理、工程に応じた工事品質の確認並びに工事進捗に合わせて［ イ ］及び［ ウ ］を防止するための安全対策を行うなど施工管理にあたるものとする。

	ア	イ	ウ
(1)	安全計画書	公衆災害	施工不良
(2)	安全計画書	工期遅延	労働災害
(3)	施工計画書	公衆災害	労働災害
(4)	施工計画書	工期遅延	施工不良

問題 57

給水装置工事の施工管理に関する次の記述の［　　　］内に入る語句の組み合わせのうち、適当なものはどれか。

［ ア ］は、災害等による給水装置の損傷を防止するとともに、給水装置の損傷の復旧を［ イ ］かつ適切に行えるようにするために、［ ウ ］から［ エ ］までの間の給水装置に用いる給水管及び給水用具について、その構造及び材質等を指定する場合がある。したがって、給水装置工事を受注した場合は、［ ウ ］から［ エ ］までの使用材料について［ ア ］に確認する必要がある。

	ア	イ	ウ	エ
(1)	水道事業者	迅速	配水管への取付口	水道メーター
(2)	水道事業者	慎重	宅地内	水道メーター
(3)	建設業者	迅速	宅地内	末端の給水器具
(4)	建設業者	慎重	配水管への取付口	末端の給水器具

問題 58

下図は給水装置工事の各種給水用具の取付けから工事完了（引渡し）までの一般的な工程である。□に入る語句の組み合わせのうち、適当なものはどれか。

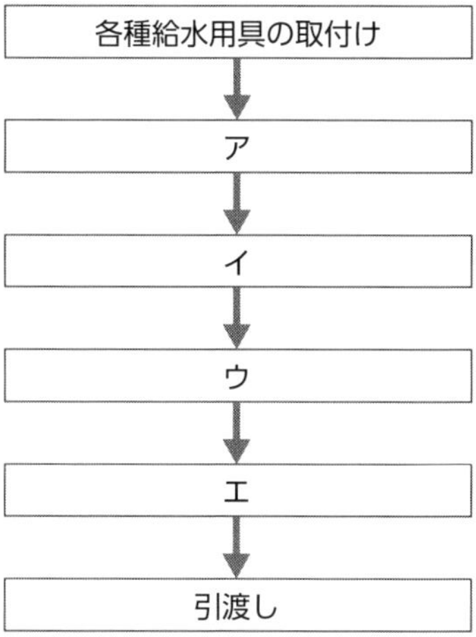

	ア	イ	ウ	エ
(1)	工事事業者の検査	通水（水質確認等）	水道事業者への完成図提出	水道事業者の完成検査
(2)	工事事業者の検査	水道事業者への完成図提出	水道事業者の完成検査	通水（水質確認等）
(3)	通水（水質確認等）	工事事業者の検査	水道事業者への完成図提出	水道事業者の完成検査

(4)	通水（水質確認等）	水道事業者への完成図提出	工事事業者の検査	水道事業者の完成検査

問題 59

公道における給水装置工事の安全管理に関する次の記述の正誤の組み合わせのうち、適当なものはどれか。

ア　工事の施行にあたっては、地下埋設物の有無を十分に調査するとともに、当該埋設物管理者に立会いを求めるなどによってその位置を確認し、埋設物に損傷を与えないよう注意する。

イ　工事中、火気に弱い埋設物又は可燃性物質の輸送管等の埋設物に接近する場合は、溶接機、切断機等火気を伴う機械器具を使用しない。ただし、やむを得ない場合は、消防署と協議し、保安上必要な措置を講じてから使用する。

ウ　埋設物に接近して掘削する場合は、周辺地盤のゆるみ、沈下等に十分注意して施工し、必要に応じて道路管理者と協議のうえ、防護措置等を講ずる。

エ　工事の施行にあたって、掘削部分に各種埋設物が露出する場合には、防護協定などを順守して措置し、当該埋設物管理者と協議のうえで適切な表示を行う。

	ア	イ	ウ	エ
(1)	誤	正	誤	正
(2)	誤	正	正	誤
(3)	正	誤	誤	正
(4)	正	誤	正	誤
(5)	正	正	誤	誤

問題 60

公道上の作業現場における交通保安対策に関する次の記述のうち、不適当なものはどれか。

(1) 工事現場の掘削土砂、工事用機械器具及び材料が交通の妨害、付近住民の迷惑又は事故発生の原因にならないよう現場付近は常に整理整頓しておく。

(2) 道路上に設置した作業場内には、原則として、作業に使用しない車両を駐車させてはならない。

(3) 道路上に作業場を設ける場合は、原則として交通流に平行する部分から車両を出入りさせなければならない。

(4) 施工者は、道路管理者及び所轄警察署長の指示するところに従い、道路標識、標示板等で必要なものを設置しなければならない。

ゴロ合わせで覚えよう！

給水装置工事事業者の指定

ステーキ重　水・土は
（指定基準）　（水道事業者）
全国一律　90円！
（全国一律）　（給水装置）

水道事業者による指定給水装置工事事業者の指定基準は、水道事業者ごとではなく、全国一律に定められている。（→ p.30）

給水装置工事主任技術者の職務

はい、スイカにたどりついた　名探偵
（配水管）　（取付口）　（水道メーター）
こじ開けた手口は　レンズで調査中
（工事）　（連絡・調整）

給水装置の配水管への取付口から水道メーターまでの工事の、工法・工期等の工事上の条件に関する水道事業者との連絡調整は、給水装置工事主任技術者の職務に含まれる。（→ p.35）

止水栓・分水栓の耐圧試験

鯛焼きの試食　みんなが口を
（耐圧試験）
全開にしたらはじめるよ
（すべて開）

分水栓、止水栓の耐圧試験は、止水性の試験ではないので、すべて「開」状態で実施する。（→ p.103）

水撃限界性能基準

水曜劇場（水撃）　せーので観ても（性能基準）

みんなが（すべて）満足するわけじゃない

水栓やボールタップ等、水撃作用を生じるおそれのある給水用具が、すべてこの性能基準を満たさなければならないわけではない。(→ p.109)

水道水の汚染防止

シャーロックには（シアン・六価クロム）

さやかも（さや管）　近づけない（近接）

シアン、六価クロム等の有毒薬品置場、有害物の取扱場、汚水槽等の汚染源がある場合は、さや管などで防護しても、近接して給水管路を設置してはならない。(→ p.128)

クロスコネクション

たとえ1回でも（一時的）　急須に（給水装置）

池の水をひいたら（給水装置以外の水管）　絶対ダメ！（絶対行ってはならない）

給水装置と当該給水装置以外の水管、その他の設備とは、一時的な仮設であってもこれを直接連結することは絶対に行ってはならない。また、仕切弁や逆止弁が介在しても、絶対に行ってはならない。(→ p.129)

水道メーター

軽量級の　ハチだね
（計量法）　（8 年）

言うこと聞かないで　行こうか
（有効期間内）　（交換）

水道メーターは、計量法に定める特定計量器の検定に合格したものでなければならず、検定有効期間は 8 年である。その期間内に検定に合格したメーターと交換しなければならない。（→ p.189）

浄水器

入口で　ジョージに押されたら
（流入側）　（常時水圧）

万事休す
（すべて給水装置）

浄水器のうち、水栓の流入側に取り付けられ常時水圧が加わるものは、給水用具に該当する。流出側に取り付けられ、常時水圧が加わらないもののうち、浄水器と水栓が一体として製造・販売されているものも、給水用具に該当する。（→ p.197）

交通保安対策

歩行者に　くれ
（歩行者用）　（0.90m）

多いときには　いちごを
（多い箇所）　（1.5m）

施工者は、一般の交通の用に供する部分の通行を制限する必要のある場合において、歩行者が安全に通行し得るために歩行者用として別に幅 0.90m 以上、特に歩行者の多い箇所においては幅 1.5m 以上の通路を確保しなければならない。（→ p.220）

さくいん

●さ行●

●た行●

本書の正誤情報等の最新情報は、下記のアドレスでご確認ください。
http://www.s-henshu.info/ksstm2307/

上記掲載以外の箇所で正誤についてお気づきの場合は、**書名・発行日・質問事項**（**該当ページ・行数・問題番号**などと**誤りだと思う理由**）**・氏名・連絡先**を明記のうえ、お問い合わせください。
・web からのお問い合わせ：上記アドレス内【正誤情報】へ
・郵便または FAX でのお問い合わせ：下記住所または FAX 番号へ
※電話でのお問い合わせはお受けできません。

［宛先］コンデックス情報研究所
『給水装置工事主任技術者試験テキスト＆問題集』係
住　所：〒359-0042　所沢市並木3-1-9
FAX 番号：04-2995-4362（10:00～17:00　土日祝日を除く）

※本書の正誤以外に関するご質問にはお答えいたしかねます。また、受験指導などは行っておりません。
※ご質問の受付期限は、各試験日の10日前必着といたします。
※回答日時の指定はできません。また、ご質問の内容によっては回答まで10日前後お時間をいただく場合があります。
あらかじめご了承ください。

■ 編　　著：コンデックス情報研究所
1990 年 6 月設立。法律・福祉・技術・教育分野において、書籍の企画・執筆・編集、大学および通信教育機関との共同教材開発を行っている研究者・実務家・編集者のグループ。

■ 執筆代表：石原鉄郎　ドライブシヤフト合同会社　代表社員
給水装置工事主任技術者・１級管工事施工管理技士・建築設備士・消防設備士・建築物環境衛生管理技術者・浄化槽設備士。ビル管理会社、不動産会社を経て、現在は資格指導講師。給水装置工事主任技術者、管工事施工管理技士など技術系資格の受験準備講習会や動画講座に登壇している。資格対策の著書も多数。
http://mister-te.com/

■ イラスト：岡田　行生（おかだ　いくお）、ひらのんさ

給水装置工事主任技術者試験 テキスト&問題集

2023年 8 月30日発行

編　著　コンデックス情報《じょうほう》研究所《けんきゅうしょ》
発行者　深見公子
発行所　成美堂出版
〒162-8445　東京都新宿区新小川町1-7
電話(03)5206-8151　FAX(03)5206-8159
印　刷　大盛印刷株式会社

ISBN978-4-415-23337-6
落丁･乱丁などの不良本はお取り替えします
定価はカバーに表示してあります

別冊

給水装置工事
主任技術者試験
テキスト＆問題集

模擬試験
正答・解説編

※矢印の方向に引くと
正答・解説が取り外せます。

成美堂出版

公衆衛生概論

問題 1

正答 4

水系感染症の原因となる病原微生物のうち、浄水場での塩素消毒が有効でないものは、**クリプトスポリジウム**である。

問題 2

正答 4

(1) ○　残留塩素とは、消毒効果のある有効塩素が水中の微生物を殺菌消毒したり、有機物を酸化分解した後も水中に残留している塩素のことである。

(2) ○　残留塩素には**遊離残留塩素**と**結合残留塩素**がある。殺菌効果は**遊離残留塩素**の方が強い。

(3) ○　一般に水道で使用される消毒剤には、**液化塩素**（**液体塩素**）、**次亜塩素酸ナトリウム**及び次亜塩素酸カルシウムの3種類が用いられる。

(4) ×　残留塩素の測定に用いられるジエチル－p－フェニレンジアミン（DPD）による方法は、反応して生じる**桃～桃赤色**を標準比色液と比較する方法である。

問題 3

正答 3

(1) ○　鉛製の給水管を使用していると、pH値の**低い**水や遊離炭酸の**多い**水に鉛が溶出しやすい。

(2) ○　フッ素の飲料水への混入は、地質や工場排水等に由来し、過度に摂取すると、**体内沈着**によって斑状歯や骨折の増加等を引き起こすことがある。

(3) ×　水道原水中の有機物質が浄水場で注入される**塩素**と反応して、発がん性が報告されているトリハロメタン類が生成される。

(4) ○　有機溶剤である**トリクロロエチレン**が、未処理のまま土壌に浸透して飲料用の地下水に混入し、問題になった事例がある。

水道行政

問題 4

正答 2

水道事業者及び**水道用水供給事業者**は、一定の資格を有する布設工事監督者の監督のもとで水道施設を建設しなければならない（水道法12条、31条）。

問題 5

正答 4

(1) ○ 「料金が、能率的な経営の下における適正な原価に照らし、健全な経営を確保することができる**公正妥当**なものであること。」と規定されている（水道法14条2項1号）。

(2) ○ 「料金が、**定率又は定額**をもつて明確に定められていること。」と規定されている（同条項2号）。

(3) ○ 「水道事業者は、供給規程を、**その実施の日まで**に一般に周知させる措置をとらなければならない。」と規定されている（同条4項）。

(4) × 「水道事業者が地方公共団体以外の者である場合にあつては、供給規程に定められた供給条件を変更しようとするときは、**厚生労働大臣**の認可を受けなければならない。」と規定されている（同条6項）。

問題 6

正答 2

(1) ○ 水道事業者は、指定の基準を満たす者から申請があれば、工事事業者として指定しなければならない（水道法25条の3第1項）。

(2) × 工事事業者の指定の基準は、**全国一律**に定められている（同条項）。

(3) ○ 水道事業者は、指定給水装置工事事業者が指定の基準に適合しなくなったときは、指定を取り消すことができる（25条の11第1項1号）。

(4) ○ 水道事業者から工事事業者の指定を取り消され、その取消しの日から**2年**を経過しない者は、当該水道事業者から指定を受けることができない（25条の13第2項2号）。

問題 7

正答 1

(1) × 水道事業者は、事業計画に定める給水区域内の需要者から給水契約の申し込みを受けたときは、**正当な理由がない場合**、これを拒んではならない（水道法15条1項）。

(2) ○ 水道事業者は、**正当な理由があってやむを得ない場合**には、給水区域の全部または一部につき、その間給水を停止することができる（同条2項ただし書き）。

(3) ○ 水道事業者は、当該水道により給水を受ける者が**料金を支払わないとき**は、供給規程の定めるところにより、その者に対する給水を停止することができる（同条３項）。

(4) ○　水道事業者は、当該水道により給水を受ける者が正当な理由なしに**給水装置の検査を拒んだとき**は、供給規程の定めるところにより、その者に対する給水を停止することができる（同条３項）。

問題 8

正答３

(1) ○　給水装置工事に係る給水装置の構造及び材質が**構造材質基準に適合**していることの確認は、給水装置工事主任技術者の職務として規定されている（水道法25条の４第３項３号）。

(2) ○　給水管を配水管から分岐する工事を施行しようとする場合の配水管の布設位置の確認に関する**水道事業者との連絡調整**は、給水装置工事主任技術者の職務として規定されている（同法施行規則23条１号）。

(3) ×　給水装置の**配水管への取付口から水道メーターまでの工事**に係る工法、工期その他の工事上の条件に関する連絡調整が、給水装置工事主任技術者の職務として規定されている（同法施行規則23条２号）。

(4) ○　給水装置工事に関する**技術上の管理**は、給水装置工事主任技術者の職務として規定されている（同法25条の４第３項１号）。

問題 9

正答４

水道法において、「給水装置」とは、需要者に水を供給するために水道事業者の施設した配水管から分岐して設けられた給水管及びこれに直結する給水用具をいう（水道法３条９項）。

また、「給水装置工事」とは、給水装置の設置または変更の工事をいう（同条11項）。

(1) ○　配水管から分岐された給水管に直結する**水道メーター**は、給水装置に該当する。

(2) ○　ビルなどで水道水を一旦受水槽に受けて給水する場合は、**配水管から受水槽の注入口まで**が給水装置であり、受水槽以降はこれにあたらない。したがって、受水槽以降の給水栓、ボールタップ、湯沸器等の給水用具は給水装置には該当しない。

(3) ○　工場生産住宅に、工場内で**給水管及び給水用具を設置する作業**は、給水装置工事に該当しない。

(4) ×　自動販売機も**給水用具類**に含まれ、配水管から分岐された給水管に直結して自動販売機を設置する工事は、給水装置工事に該当する。

給水装置工事法

問題 10

正答 2

(1) ○　配水管への取付口における給水管の口径は、当該給水装置による水の使用量に比し、**著しく過大でないこと**とされている。

(2) ×　**異形管及び継手**から給水管を取り出してはならない。

(3) ○　硬質ポリ塩化ビニル管及びポリエチレン二層管に分水栓を取り付ける場合は、配水管の折損防止のため**サドル付分水栓**を使用する。

(4) ○　不断水分岐作業の水質確認は、**分岐作業終了後**に行う。

問題 11

正答 4

(1) ○　明示シートと管頂の距離は、**各水道事業者の指示**によるものとする。

(2) ○　宅地部分に布設する給水管の位置は、維持管理上必要がある場合、**明示杭等**によりその位置を明示する。

(3) ○　道路部分に布設する**口径 75mm 以上**の給水管には、**埋設管明示テープ**などにより明示し、明示テープには埋設物の名称、管理者、埋設年度を表示する。

(4) ×　埋設管明示テープの地色は、**道路法**により定められており、その指示に従い施工する必要がある。

問題 12

正答 2

(1) ○　水管またはガス管の頂部と路面との距離は、当該水管またはガス管を設ける道路の舗装の厚さに **0.3m を加えた値**（当該値が 0.6m に満たない場合には、**0.6m**）以下としないこととされている。

(2) ×　浅層化の通達による浅層埋設の適用対象となる硬質ポリ塩化ビニル管は、**口径 300mm 以下**のものである。

(3) ○　浅層化の通達に対する各都市の道路管理者の埋設深さは、それぞれの**地域の実情**に合わせて一定の基準を設けて対応している。

(4) ○　浅層埋設の適用対象となる管種及び口径の使用にあたっては、埋設深さなどについては**道路管理者**に確認し、埋設深さを可能な限り浅くする。

問題 13

正答 3

ア　○　水道メーターは、水道メーター性能、計量精度や耐久性を低下させることのないよう**水平**に取り付ける。

イ　×　水道メーターは、**地中に設置しなければならないわけではない**。

ウ　○　水道メーターの呼び径が 13 ～ 40mm の場合は、鋳鉄製、プラスチック製またはコンクリート製等のメーターますとする。

エ　×　新築の集合住宅の各戸水道メーターの設置には、**メーターユニット**を使用する建物が多くなっている。

問題 14

正答 1

(1)　×　給水管が水路を横断する場合は、維持管理を考慮し、原則として**水路の下**に設置する。

(2)　○　壁などに配管された給水管の露出部分は、支持金具などにより 1 ～ 2m の間隔で建物に固定する。

(3)　○　給水管を他の埋設物に近接して布設する際には、他の埋設物より **30cm 以上**の間隔を確保して配管する。

(4)　○　掘削深さが **1.5m を超える場合**は、土砂の崩壊を防止するため、切取り面がその箇所の土質に見合った勾配を保って掘削できる場合を除き、**土留工**を施す。

問題 15

正答 1

(1)　×　サドル付分水栓を取り付ける前に、弁体が**全開**状態になっているか、パッキンが正しく取り付けられているか、塗装面やねじ等に傷がないかを確認する。

(2)　○　サドル付分水栓は、配水管の管軸頂部にその**中心線**がくるように取り付け、給水管の取出し方向及びサドル付分水栓が**管軸方向**から見て傾きがないことを確認する。

(3)　○　サドル付分水栓のボルトナットは、全体に**均一**になるように締め付けを行う。

(4)　○　穿孔作業は、刃先が管面に接するまでハンドルを**静かに**回転させ、穿孔を開始し、最初はドリルの芯がずれないように**ゆっくり**とドリルを下げる。

問題 16

正答 2

ア　○　給水管を埋設するに際し、ガス管との離隔を **30cm 以上**確保して配管する。

イ　×　明示テープの色別は、白色は工業用水、ガス管は**緑色**である。

ウ　×　配水管から分岐して最初に設置する止水栓の位置を、外力による損傷防止や開閉操作を容易にするため、宅地内の水道メーター直近**上流**とする。

エ　○　口径20mmのポリエチレン1種二層管の最小曲げ半径は**55cm**である。

問題 17

正答 3

(1)　○　水道直結式スプリンクラー設備の設置において、分岐する配水管からスプリンクラーヘッドまでの水理計算及び給水管、給水用具の選定は、**消防設備士**が行い、指定給水装置工事事業者は、消防設備士の指導の下で工事を行う。

(2)　○　上述のとおり、水道直結式スプリンクラー設備の工事は、水道法に定める給水装置工事として**指定給水装置工事事業者**が施工する。

(3)　×　乾式配管方式の水道直結式スプリンクラー設備は、**停滞水をできるだけ少なくするため**、給水管分岐部と電動弁との間を**短く**することが望ましい。

(4)　○　災害その他正当な理由によって、一時的な断水や水圧低下によりスプリンクラー設備の性能が十分発揮されない状況が生じても、水道事業者に**責任は及ばない**。

問題 18

正答 3

ア　○　給水装置工事主任技術者は、需要者に情報を伝えるための中心的な役割を担っており、給水装置の維持管理についても、需要者に対して適切な**情報提供**を行う。

イ　○　配水管からの分岐以降水道メーターまでの間の漏水修繕などの維持管理において、水道事業者が無料修繕を行う範囲は**水道事業者によって異なっている**。

ウ　○　水道メーターの下流から末端給水用具までの間の維持管理は、すべて**需要者**の責任である。

エ　×　指定給水装置工事事業者は、末端給水装置から供給された水道水の水質に関して異常があった場合には、**水道事業者に連絡**し、水質検査を依頼するなど、直ちに原因を究明するとともに、適切な対策を講じなければならない。

問題 19

正答 4

ア　○　銅管のろう接合は、管の差込み部と継手受口との隙間にろうを加熱溶解して、**毛細管現象**により吸い込ませる接合方法である。

イ　×　硬質塩化ビニルライニング鋼管のねじ継手に外面樹脂被覆継手を**使用しない場合**には、埋設の際、さらに防食テープを巻く等の防食処理等を施す必要がある。

ウ　×　**EF 継手**による接合は、ポリエチレン粉体ライニング鋼管には用いられず、**ポリエチレン管**に用いられる。

エ　○　ダクタイル鋳鉄管の接合に使用する滑剤は、継手用滑剤に適合するものを使用し、グリース等の**油剤類は絶対に使用してはならない**。

給水装置の構造及び性能

問題 20

正答 3

(1)　○　水撃作用とは、止水機構を急に閉止したときなどに管路内に生じる**圧力の急激な変動作用**をいう。

(2)　○　水撃限界性能基準は、水撃作用により**給水装置に破壊等が生じることを防止**するための基準である。

(3)　×　水撃作用を生じるおそれのある給水用具が、**すべてこの基準を満たしていなければならないわけではない**。

(4)　○　水撃限界性能基準では、湯水混合水栓等において同一の仕様の止水機構が水側と湯側についているような場合は、**いずれか一方**の止水機構について試験を行えばよいとされている。

問題 21

正答 4

(1)　○　バキュームブレーカとは、**器具単独**で販売され、水受け容器からの取付け高さが施工時に**変更可能**なものと規定されている。

(2)　○　バキュームブレーカは、負圧破壊性能試験により流入側からマイナス 54kPa の圧力を加えたとき、バキュームブレーカに接続した透明管内の水位の上昇が **75mm** を超えないことと規定されている。

(3)　○　水受け部と吐水口が一体の構造であり、かつ水受け部の越流面と吐水口の間が分離されていることにより水の逆流を防止する構造の給水用具は、負圧破壊性能試験により流入側からマイナス54kPaの圧力を加えたとき、吐水口から**水を引き込まない**ことと規定されている。

(4) × 負圧破壊装置を内部に備えた給水用具とは、製品の仕様として負圧破壊装置の位置が**一定に固定されたもの**と規定されている。

問題22

正答2

ア ○ 配管工事後の耐圧試験の水圧は、水道事業者が**給水区域内の実情**を考慮し、定めることができる。

イ ○ 柔軟性のあるポリエチレン二層管、架橋ポリエチレン管、ポリブテン管の耐圧試験を実施する場合、管が**膨張**し圧力が低下することに注意しなければならない。

ウ × 新設工事の場合は、配管や接合部の施工が確実に行われたかを確認するため、試験水圧**1.75MPa**を1分間保持する耐圧試験を実施することが望ましい。

エ × 耐圧試験は、分水栓、止水栓等止水機能のある給水用具の止水性能を確認するためのものではなく、止水機能のある栓の弁はすべて「**開**」状態で実施する。

問題23

正答2

(1) ○ 耐久性能基準の適用対象は、**弁類単体**として製造・販売され、施工時に取り付けられるものに限ることとすると規定されている。

(2) × 耐久性能基準は、制御弁類のうち機械的・自動的に頻繁に作動し、かつ通常消費者が自らの意思で選択し、または設置・交換**できない**ような弁類に適用する。

(3) ○ 弁類は、耐久性能試験により**10万回**の開閉操作を繰り返す旨、規定されている。

(4) ○ ボールタップについては、通常故障が発見しやすい箇所に設置されており、耐久性能基準の**適用対象にしない**ことと規定されている。

問題 24

正答 2

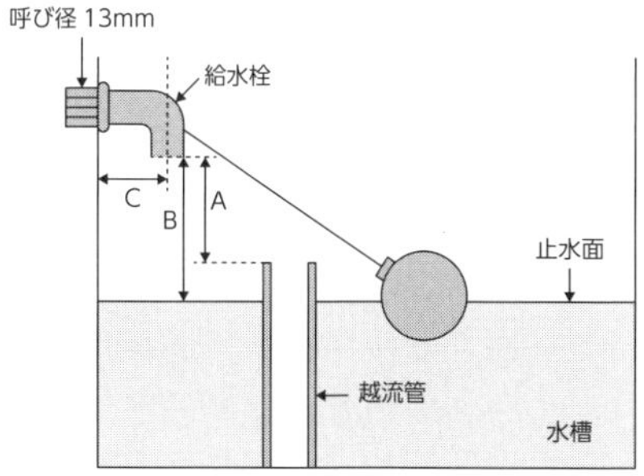

図中の距離 A を **200mm 以上**、図中の距離 C を **25mm 以上**確保する。

問題 25

正答 4

(1) ×　耐寒性能試験の試験温度は、**− 20 ± 2℃**で、寒冷地における冬季の最低気温を想定したものである。

(2) ×　耐寒性能基準においては、凍結防止の方法は水抜きに**限定していない**。

(3) ×　凍結のおそれがある場所において設置される給水用具は、すべて耐寒性能基準を**満たしていなければならないわけではない**。

(4) ○　低温に暴露した後に確認すべき性能基準項目から**浸出性能**を除いたのは、低温暴露により材質などが変化することは考えられず、浸出性能に変化が生じることはないと考えられることによる。

問題 26

正答 3

ア　×　自然電位の低い金属と自然電位の高い金属との間に電池が形成され、自然電位の**低い**金属が侵食される。

イ　○　地中に埋設した鋼管が部分的にコンクリートと接触している場合、コンクリートと**接触していない部分**が侵食される。

ウ　×　埋設状態にある金属材質、土壌、乾湿、通気性、pH 値、溶解成分の違い等の異種環境での電池作用による侵食は、**マクロセル侵食**という。

エ　○　金属管が鉄道、変電所等に近接して埋設されている場合、漏洩電流による侵食を受け、**電流が金属管から流出する部分**に侵食が起きる。

問題 27

正答 3

(1) ○　末端部が行き止まりとなる給水管は、**停滞水**が生じ、水質が悪化するおそれがあるため極力避け、やむを得ない場合は、末端部に**排水機構**を設置する。

(2) ○　合成樹脂管をガソリンスタンド、自動車整備工場等に埋設配管する場合は、油分などの浸透を防止するため、**そのおそれがある箇所には使用しない**こととし、やむを得ず使用する場合は、**さや管**などにより適切な防護措置を施す。

(3) ×　シアン、六価クロム等の有毒薬品置場、有害物の取扱場、汚水槽等の汚染源がある場合は、給水管を**近接して設けてはならない**。

(4) ○　一時的、季節的に使用されない給水装置には、給水管内に長期間水の停滞を生じることがあるため、適量の水を適時**飲用以外**で使用することにより、その水の衛生性を確保する必要がある。

問題 28

正答 3

ア　×　飲用に用いる湯沸器には、**耐久**性能基準は適用されない。

イ　○　逆止弁（減圧式逆流防止器を除く）に適用される性能基準には、**耐圧**性能、**浸出**性能、**逆流防止**性能及び**耐久**性能基準がある。

ウ　×　浄水器には、**水撃限界**性能基準は適用されない。

エ　○　継手に適用される性能基準には、**耐圧**性能及び**浸出**性能基準がある。

問題 29

正答 3

(1) ○　浸出性能基準は、給水装置から金属などが浸出し、**飲用に供される水が汚染されること**を防止するための基準である。

(2) ○　浸出性能基準の適用対象は、**通常の使用状態において飲用に供する水が接触する可能性**のある給水管及び給水用具に限定される。

(3) ×　金属材料の浸出性能試験には、**材料試験を選択することはできない**。

(4) ○　営業用として使用される製氷機は、**給水管との接続口から給水用具内の水受け部への吐水口までの間の部分**について評価を行えばよいと規定されている。

(5) ○　ふろ用の水栓、洗浄便座、ふろ給湯専用の給湯機は、浸出性能基準の**適用対象外**である。

給水装置計画論

問題 30

正答 1

ア　○　給水方式には、**直結**式、**受水槽**式及び**直結・受水槽併用**式がある。給水方式は、給水高さ、所要水量、使用用途及び維持管理面を考慮し決定する。

イ　○　水圧状況、配水管整備状況等により、給水方式の取扱いは**水道事業者ごとに異なる**ため、設計に先立ち、水道事業者に確認する必要がある。

ウ　×　直結式給水は、配水管の水圧で直結給水する方式（直結直圧式）と、給水管の途中に**直結加圧形ポンプユニット**を設置して給水する方式（直結増圧式）がある。

エ　×　受水槽式給水は、配水管から分岐し受水槽に受け、この受水槽から給水する方式であり、受水槽**入口**で配水系統と縁が切れる。

問題 31

正答 2

ア　○　受水槽式は、水道水を一旦受水槽で受け給水する方式である。配水管の水圧が変動しても、受水槽以降では給水圧、給水量を**一定の変動幅に保持できる**という長所がある。

イ　×　受水槽に受水したのち、使用水量に応じてポンプの運転台数の変更や回転数制御によって給水する方式は、**ポンプ直送式**である。

ウ　×　配水管の水圧が高いときは、受水槽への流入時に給水管を流れる流量が過大となるため、定水位弁、**減圧弁**を設置することが必要である。

エ　○　有毒薬品を使用する工場等事業活動に伴い、水を汚染するおそれのある場所に給水する場合は、**受水槽式**を採用する必要がある。

問題 32

正答 2

給水用具 1 個当たりの平均使用水量

$$= \frac{12 + 12 + 20 + 12 + 8}{5}$$

= 12.8［L/ 分］

1 戸当たりの同時使用水量

= 12.8 × 2.2

= 28.16［L/ 分］

1 棟当たりの同時使用水量

= 28.16 × 15 × 0.8

= 337.92 ≒ **340**［L/ 分］

問題 33

正答 1

男子の 1 日当たりの使用水量

= 200 × 50

= 10,000［L］ = 10［m^3］

女子の 1 日当たりの使用水量

= 50 × 100

= 5,000［L］ = 5［m^3］

事務所 1 日当たりの使用水量

= 10 + 5 = 15［m^3］

受水槽の容量の範囲

= 15 × 0.4 ～ 15 × 0.6 = **6 ～ 9**［m^3］

問題 34

正答 4

給水管の口径は、各水道事業者の定める「**水圧**」において、「**計画使用水量**」を十分に供給できるもので、かつ経済性も考慮した合理的な大きさにする。

口径は、給水用具の立上がり高さと「**計画使用水量**」に対する「**総損失水頭**」を加えたものが、給水管を取り出す配水管の「**計画最小動水圧**」の水頭以下となるよう計算によって定める。

問題 35

正答 3

配管延長

＝配管実長＋高低差＋直管換算長さ

＝ 20 ＋ 3 ＋ 25 ＝ 48［m］

摩擦損失水頭

＝配水管水圧水頭－高低差－余裕水頭

＝ 20 － 3 － 10 ＝ 7［m］

$$動水勾配 = \frac{摩擦損失水頭}{配管延長} \times 1000$$

$$= \frac{7}{48} \times 1000 \fallingdotseq 145\ [‰]$$

流量＝ 48［L/ 分］

＝ 48 ÷ 60 ＝ 0.8［L/ 秒］

下の流量図より、流量 0.8［L/ 秒］、動水勾配 145［‰］の交点は、口径 **25mm** の斜線上となる。

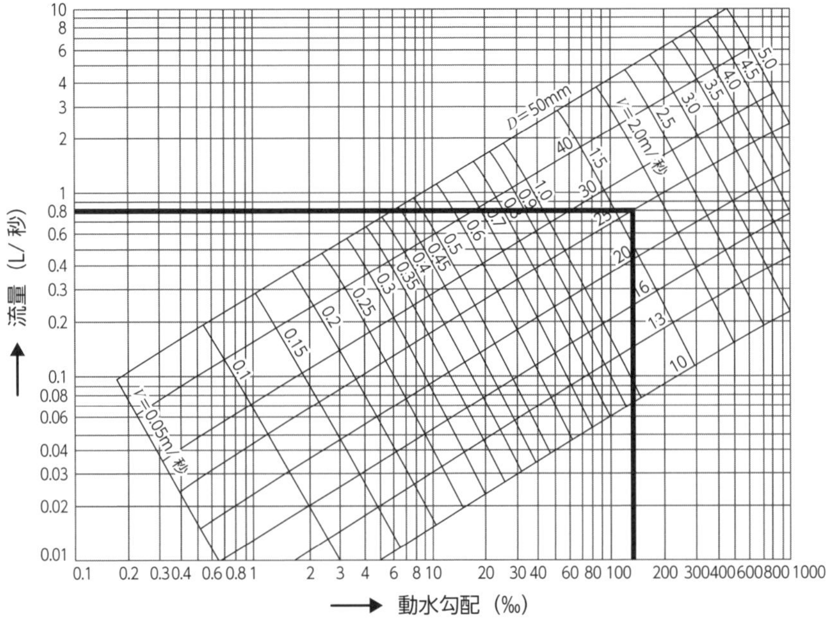

給水装置工事事務論

問題36

正答3

(1) ○　工事事業者は、給水装置工事の事業を行う**事業所ごと**に、主任技術者を選任しなければならない。

(2) ○　工事事業者の指定を受けようとする者が提出する申請書の記載事項には、選任されることとなる**主任技術者の氏名**も含まれる。

(3) ×　工事事業者は、選任した主任技術者が欠けるに至った場合、新たな主任技術者を選任しなければならないが、その選任の期限は**2週間以内**である。

(4) ○　主任技術者は、水道法に違反したときは、厚生労働大臣から主任技術者の**免状の返納**を命じられることがあり、この場合、主任技術者の選任は効力を失う。

問題37

正答4

(1) ○　掘削面の高さが**2m以上**となる地山の掘削（ずい道及びたて坑以外の坑の掘削を除く。）作業は、作業主任者を選任する必要がある。

(2) ○　作業主任者の主な職務には、**作業の方法を決定し作業を直接指揮**すること、器具及び工具を**点検し不良品を取り除く**こと、保護帽及び安全靴等の**使用状況を監視**することがある。

(3) ○　事業者は、酸素欠乏のおそれが生じたときは、**直ちに**作業を中止し、労働者を**退避**させなければならない。

(4) ×　事業者は、爆発、酸化等を防止するため換気することができない場合または作業の性質上換気することが著しく困難な場合を除き、酸素欠乏危険作業を行う場所の空気中の酸素濃度を**18%以上**に保つように換気しなければならない。

問題38

正答2

ア　×　水道事業者による検査は、当該工事事業者の竣工検査において、給水装置が給水装置の構造及び材質の基準に関する省令に適合していることが証明されていても、**省略することはできない**。

イ　○　水道事業者による検査は、給水装置が**基準に適合**していることを確認し、引き渡すための最終的な品質確認である。

ウ　○　工事事業者は、水道事業者に**工事完了の届出**を行い、**水道事**

業者の検査を受けなければならない。

エ　×　水道事業者は、主任技術者の立会いを**求めることができる**。求めなければならないのではない。主任技術者は、立会いを求められたら、これに応じなければならない。

問題 39

正答 1

(1)　×　給水栓は、逆流防止性能の**適用対象外**である。

(2)　○　自己認証は、**製造業者等が自らまたは製品試験機関などに委託**して得たデータや作成した資料等に基づいて、性能基準適合品であることを証明するものである。

(3)　○　第三者認証は、**第三者認証機関**が性能基準に適合しているか否かを判定するとともに、基準適合性を認証したうえで、**認証マーク**を製品に表示することを認めるものである。

(4)　○　給水装置に使用する給水管で、性能基準を包含する団体規格の製品は、マーク等によって**規格適合が表示**されていれば性能基準適合品として使用することができる。

問題 40

正答 4

(1)　○　建設業者は、建設工事を施工するときには、工事現場に**主任技術者**または**監理技術者**を置かなければならない。

(2)　○　公共性のある施設、多数の者が利用する施設に関する重要な建設工事で政令で定めるものに置く主任技術者または監理技術者は、工事現場ごとに、**専任の者**でなければならない。

(3)　○　建設業の許可は、**5 年ごと**に更新を受けなければ、効力を失う。

(4)　×　給水装置工事主任技術者は、免状の交付を受けた後、管工事に関し **1 年以上**の実務経験がなければ、管工事業の専任の技術者となることはできない。

給水装置の概要

問題 41

正答 2

ア　×　需要者が、他の所有者の給水装置（水道メーターの上流側）から分岐承諾を得て設けた給水管及び給水用具は、給水装置に**該当する**。

イ　○「直結する給水用具」とは、給水管に**容易に取外しのできない構造**として接続し、有圧のまま給水できる給水栓等の給水用具をいい、ホース等で、容易に取外しの可能な状態で接続される器具は含まれない。

ウ　×　水道法により水道事業者は供給規程を定めることになっており、この供給規程では、給水装置工事の費用については、原則として、当該給水装置の新設または撤去、改造または修繕の費用については、**需要者が負担**することとしている。

エ　○　給水装置は、当該給水装置以外の水管や給水用具でない設備に**接続しない**こと、ふろなどの水受け容器に給水する場合は給水管内への水の**逆流を防止する措置**を講じること、材質が水道水の**水質に影響を及ぼさない**こと、内圧・外圧に対し**十分な強度**を有していること等が必要である。

問題 42

正答 4

ア　○　硬質塩化ビニルライニング鋼管の切断・ねじ切りに当たっては、塩化ビニル部分への**局部加熱**を避け、内面のかえりに注意する。

イ　×　耐震性に富み、波状部において任意の角度を形成できるため配管施工の容易さを備えているのは、**波状ステンレス鋼管**である。

ウ　○　ポリブテン管は、**有機溶剤、ガソリン**等と接触させてはならない。

エ　×　軟質銅管は現場での手曲げ加工が**可能**である

問題 43

正答 4

①ステンレス鋼管の継手の種類としては、伸縮可とう式継手と「**プレス式継手**」がある。

②架橋ポリエチレン管の継手の種類としては、「**メカニカル式継手**」と電気融着式継手がある。

③水道配水用ポリエチレン管の継手の種類としては、「**メカニカル式継手**」と「**電気融着式継手**」がある。

④ポリエチレン二層管の継手には、「**金属継手**」が用いられる。

問題 44

正答 3

ア　○　水道メーターは、水道事業者により使用する型式が異なるため、**設計時に確認**する必要がある。

イ　×　水道メーターの指示部の形態は、計量値をアナログ表示する**円読式**と、計量値をデジタル表示する**直読式**がある。

ウ　○　水道メーターの遠隔指示装置

は、検針作業の**効率化**、**積雪対策**などに有効である。

エ　×　メーターケースの中に別の計量室をもち、ノズルから羽根車に噴射水流を与える構造となっているのは、水道メーターの計量部の形態が**複箱式**のものである。

問題 45

正答 1

ア　○　小便器洗浄弁の吐水量が少ない場合、調整ねじを**左**に回して吐水量を増やす。

イ　×　副弁付定水位弁のストレーナに異物が詰まっている場合、**分解してストレーナを清掃する**。

ウ　○　受水槽のボールタップのパッキンが摩耗している場合、**パッキンを取替える**。

エ　×　スピンドルの孔とこま軸の外径が合わなく、がたつきがある場合は、**摩耗したこま**を取り替える。

問題 46

正答 3

(1)　○　ボールタップは、フロートの上下によって**自動的に弁を開閉**する構造の給水用具で、水洗便器のロータンクや、受水槽に使用される。

(2)　○　空気弁は、配管内に停滞した空気を、**自動的に排出**する給水用具である。

(3)　×　バキュームブレーカは、給水管内に負圧が生じたとき、サイホン作用により使用済みの水等が逆流し水が汚染されることを防止するため、逆止弁により逆流を防止するとともに逆止弁により二次側（流出側）の負圧部分へ自動的に**空気**を取り入れ、負圧を破壊する機能を持つ給水用具である。

(4)　○　ウォータクーラは、冷却槽で給水管路内の水を冷却し、**押ボタン式**または**足踏式**の開閉弁を操作することにより、冷水を射出する給水用具である。

問題 47

正答 2

(1)　○　減圧弁は、一次側の圧力が変動しても、二次側を一次側より**低い**一定圧力に保つ給水用具である。

(2)　×　一次側の圧力が設定圧力以上になると、弁体が開いて過剰圧力を逃がし、所定の圧力に降下すると閉じる機能をもつのは、**安全弁**である。

(3)　○　定流量弁は、一次側の圧力にかかわらず、流量が**一定**になるように調整する給水用具である。

(4) ○　定量水栓は、設定した水量を吐水したのち、自動的に**止水**するものである。

問題 48

正答 3

ア　○　水栓の漏水の原因には、弁座の**摩耗・損傷**が考えられる。

イ　○　フロートの弁が損傷している場合には、新しいフロート弁に**交換**する。

ウ　×　小便器洗浄弁から多量の水が流れっぱなしとなるのは、ピストンバルブの**小孔の詰まり**が原因の１つと考えられる。

エ　×　大便器洗浄弁から水撃が生じる原因として、**ピストンバルブ**パッキンを押しているビスの緩みが考えられる。

問題 49

正答 1

よこ型軸流羽根車式水道メーターは、メーターケースに流入した水流が、整流器を通って「**水平**」に設置された螺旋状羽根車に沿って流れ、羽根車を回転させる構造となっている。よこ型は、通過容量が「**大きい**」ため圧力損失は小さいが、羽根車の回転負荷がやや「**大きく**」、微小流量域での性能が「**若干劣る**」。

問題 50

正答 3

(1) ○　直結加圧形ポンプユニットは、ポンプ、電動機、制御盤、流水スイッチ等から構成されている。

(2) ○　直結加圧形ポンプユニットは、始動・停止による配水管の**圧力変動が極小**で、配水管の圧力に脈動を生じさせないものを用いる必要がある。

(3) ×　直結加圧形ポンプユニットを構成する圧力タンクは、**ポンプの頻繁な発停を防止するため**のものである。停電によりポンプが停止したときに水を供給するための機能は有していない。

(4) ○　直結加圧形ポンプユニットは、ポンプを複数台設置し、故障時の**自動切換機能**や、**自動交互運転機能**などを有している。

問題 51

正答 4

ア　○　波状ステンレス鋼管は、変位吸収性を有し、**耐震性**に富むとともに、任意の角度を形成でき、**継手が少なくてすむ**等の配管施工の容易さを備えている。

イ　×　硬質ポリ塩化ビニル管は、難燃性であるが、熱及び衝撃に比較的**弱い**。管に傷がつくと破損し易くなるため、外傷を受けないよう取り扱う必要がある。

ウ ○ 銅管は、アルカリに侵されず、スケールの発生も少なく**耐食性**に優れているが、遊離炭酸が多い水には適さない。

エ ○ ポリエチレン二層管は、有機溶剤等に接すると、管に浸透し、管の軟化・劣化や水質事故を起こすことがあるので、**接触させてはならない**。

問題52

正答3

(1) ○ 浄水器は、水道水中の残留塩素などの**溶存物質や濁度等の減少**を主目的とした給水用具である。

(2) ○ 浄水器は、家庭用品品質表示法施行令によって、浄水器の**材料、性能等の品質**を表示することが義務付けられている。

(3) × 水栓の流出側に取り付けられ常時水圧が加わらない浄水器のうち、浄水器と水栓が一体として製造・販売されるものは給水用具に**該当する**。

(4) ○ 水栓の**流入側**に取り付けられ常時水圧が加わる浄水器は、すべて給水用具に該当する。

問題53

正答5

ア ○ 給水装置として取り扱われる貯湯湯沸器は、貯湯部にかかる圧力が**100kPa**以下で、かつ伝熱面積が**4 m^2**以下の構造のものである。

イ ○ 瞬間湯沸器は、最高**85℃**程度まで上げることができるが、通常は**40℃**前後で使用される。

ウ ○ 貯蔵湯沸器は、水圧が**かからない**ため、湯沸器設置場所でしか湯を使うことができない。

エ × 太陽熱利用貯湯湯沸器には、その他に、シスターンの吐水口空間により、太陽集熱装置系と上水道系の縁が切れている**シスターン式**がある。

問題54

正答2

(1) ○ 湯沸器が故障した場合は、原則として**製造業者**に修理を依頼する。

(2) × ボールタップ付きロータンクの鎖がからまっているときは、鎖を**たるませる**。

(3) ○ 水栓のスピンドルのがたつきがある場合は、スピンドルまたは水栓を**取り替える**。

(4) ○ ピストンバルブの小孔が詰まっているときは、小孔を**掃除**する。

問題55

正答3

(1) ○　2ハンドル式の混合水栓は、**湯側・水側**の2つのハンドルを操作して、吐水・止水、吐水量の調整等をする。

(2) ○　サーモスタット式湯水混合水栓では、**温度調整ハンドル**により安定した吐水温度が得られる。

(3) ×　ミキシングバルブは、**水量**の調整をするものではない。

(4) ○　止水栓は、給水を**制限**または**停止**するために使用する給水用具である。

給水装置施工管理法

問題56

正答3

施工管理の責任者は、事前に当該工事の施工内容を把握し、それに沿った「**施工計画書**」（実施工程表、施工体制、施工方法、品質管理方法、安全対策等）を作成し、工事従事者に周知を図っておく。また、工事施行に当たっては、計画に基づく工程管理、工程に応じた工事品質の確認並びに工事進捗に合わせて「**公衆災害**」及び「**労働災害**」を防止するための安全対策を行うなど施工管理にあたるものとする。

問題57

正答1

「**水道事業者**」は、災害等による給水装置の損傷を防止するとともに、給水装置の損傷の復旧を「**迅速**」かつ適切に行えるようにするために、「**配水管への取付口**」から「**水道メーター**」までの間の給水装置に用いる給水管及び給水用具について、その構造及び材質等を指定する場合がある。したがって、給水装置工事を受注した場合は、「**配水管への取付口**」から「**水道メーター**」までの使用材料について「**水道事業者**」に確認する必要がある。

問題58

正答2

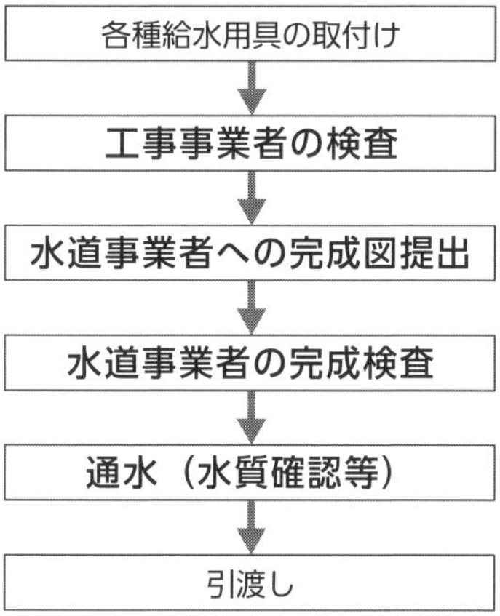

問題59

正答3

ア　○　工事にあたっては、地下埋設物の有無を調査し、**埋設物管理**

者に立会いを求めるなどにより、位置を確認し、埋設物に損傷を与えないようにする。

イ　×　工事中、火気に弱い埋設物または可燃性物質の輸送管等の埋設物に接近する場合は、溶接機、切断機等火気を伴う機械器具を使用しない。ただし、やむを得ない場合は、**埋設物管理者**と協議し、保安上必要な措置を講じてから使用する。

ウ　×　埋設物に接近して掘削する場合は、周辺地盤のゆるみ、沈下等に十分注意して施工し、**埋設物管理者**と協議のうえ、必要に応じて防護措置を講じる。

エ　○　工事にあたって、掘削部分に埋設物が露出する場合には、防護協定などを順守し、**埋設物管理者**と協議のうえで適切な表示を行う。

問題 60

正答 3

道路上に作業場を設ける場合は、原則として交通流に対する**背面から**車両を出入りさせなければならない。

正答一覧

問題番号	解答欄
問題 1	① ② ③ ❹
問題 2	① ② ③ ❹
問題 3	① ② ❸ ④
問題 4	① ❷ ③ ④
問題 5	① ② ③ ❹
問題 6	① ❷ ③ ④
問題 7	❶ ② ③ ④
問題 8	① ② ❸ ④
問題 9	① ② ③ ❹
問題10	① ❷ ③ ④
問題11	① ② ③ ❹
問題12	① ❷ ③ ④
問題13	① ② ❸ ④ ⑤
問題14	❶ ② ③ ④
問題15	❶ ② ③ ④

問題番号	解答欄
問題16	① ❷ ③ ④
問題17	① ② ❸ ④
問題18	① ② ❸ ④
問題19	① ② ③ ❹ ⑤
問題20	① ② ❸ ④
問題21	① ② ③ ❹
問題22	① ❷ ③ ④ ⑤
問題23	① ❷ ③ ④
問題24	① ❷ ③ ④
問題25	① ② ③ ❹
問題26	① ② ❸ ④ ⑤
問題27	① ② ❸ ④
問題28	① ② ❸ ④ ⑤
問題29	① ② ❸ ④ ⑤
問題30	❶ ② ③ ④ ⑤

正答一覧

問題番号	解答欄				
問題31	①	❷	③	④	⑤
問題32	①	❷	③	④	
問題33	❶	②	③	④	
問題34	①	②	③	❹	
問題35	①	②	❸	④	
問題36	①	②	❸	④	
問題37	①	②	③	❹	
問題38	①	❷	③	④	⑤
問題39	❶	②	③	④	
問題40	①	②	③	❹	
問題41	①	❷	③	④	⑤
問題42	①	②	③	❹	⑤
問題43	①	②	③	❹	
問題44	①	②	❸	④	⑤
問題45	❶	②	③	④	⑤

問題番号	解答欄				
問題46	①	②	❸	④	
問題47	①	❷	③	④	
問題48	①	②	❸	④	⑤
問題49	❶	②	③	④	
問題50	①	②	❸	④	
問題51	①	②	③	❹	⑤
問題52	①	②	❸	④	
問題53	①	②	③	④	❺
問題54	①	❷	③	④	
問題55	①	②	❸	④	
問題56	①	②	❸	④	
問題57	❶	②	③	④	
問題58	①	❷	③	④	
問題59	①	②	❸	④	⑤
問題60	①	②	❸	④	

解答用紙

問題番号	解答欄
問題 1	①　②　③　④
問題 2	①　②　③　④
問題 3	①　②　③　④
問題 4	①　②　③　④
問題 5	①　②　③　④
問題 6	①　②　③　④
問題 7	①　②　③　④
問題 8	①　②　③　④
問題 9	①　②　③　④
問題10	①　②　③　④
問題11	①　②　③　④
問題12	①　②　③　④
問題13	①　②　③　④　⑤
問題14	①　②　③　④
問題15	①　②　③　④

問題番号	解答欄
問題16	①　②　③　④
問題17	①　②　③　④
問題18	①　②　③　④
問題19	①　②　③　④　⑤
問題20	①　②　③　④
問題21	①　②　③　④
問題22	①　②　③　④　⑤
問題23	①　②　③　④
問題24	①　②　③　④
問題25	①　②　③　④
問題26	①　②　③　④　⑤
問題27	①　②　③　④
問題28	①　②　③　④　⑤
問題29	①　②　③　④　⑤
問題30	①　②　③　④　⑤

＊コピーして使用してください。

解答用紙

問題番号	解答欄				
問題31	①	②	③	④	⑤
問題32	①	②	③	④	
問題33	①	②	③	④	
問題34	①	②	③	④	
問題35	①	②	③	④	
問題36	①	②	③	④	
問題37	①	②	③	④	
問題38	①	②	③	④	⑤
問題39	①	②	③	④	
問題40	①	②	③	④	
問題41	①	②	③	④	⑤
問題42	①	②	③	④	⑤
問題43	①	②	③	④	
問題44	①	②	③	④	⑤
問題45	①	②	③	④	⑤

問題番号	解答欄				
問題46	①	②	③	④	
問題47	①	②	③	④	
問題48	①	②	③	④	⑤
問題49	①	②	③	④	
問題50	①	②	③	④	
問題51	①	②	③	④	⑤
問題52	①	②	③	④	
問題53	①	②	③	④	⑤
問題54	①	②	③	④	
問題55	①	②	③	④	
問題56	①	②	③	④	
問題57	①	②	③	④	
問題58	①	②	③	④	
問題59	①	②	③	④	⑤
問題60	①	②	③	④	

＊コピーして使用してください。

※矢印の方向に引くと正答・解説が取り外せます。